できたよ ★ シート

べんきょうが おわった ページの ばんごうに
「できたよシール」を はろう!

名前

スタート　がんばるぞ!

| 1 | 2 | 3 | 4 |

その ちょうし!

| 9 | 8 | 7 | 6 | 5 |

| 10 | 11 | 12 | 13 | 14 |

ここで
はんぶん!

| 19 | 18 | 17 | 16 | 15 |

算数パズル

| 20 | 21 | 22 | 23 | 24 | 25 |

あと ちょっと!

| 30 | 29 | 28 | 27 | 26 |

| 31 | 32 | 33 | 34 | 35 | 36 |

ゴール

まとめテスト

| 39 | 38 |

JN040221

やりきれるから自信がつく！

✓ 1日1枚の勉強で，学習習慣が定着！

◎目標時間に合わせ，無理のない量の問題数で構成されているので，
「1日1枚」やりきることができます。

◎解説が丁寧なので，まだ学校で習っていない内容でも勉強を進めることができます。

✓ すべての学習の土台となる「基礎力」が身につく！

◎スモールステップで構成され，1冊の中でも繰り返し練習していくので，
確実に「基礎力」を身につけることができます。「基礎」が身につくことで，発
展的な内容に進むことができるのです。

◎教科書に沿っているので，授業の進度に合わせて使うこともできます。

✓ 勉強管理アプリの活用で，楽しく勉強できる！

◎設定した勉強時間にアラームが鳴るので，学習習慣がしっかりと身につきます。

◎時間や点数などを登録していくと，成績がグラフ化されたり，
賞状をもらえたりするので，達成感を得られます。

◎勉強をがんばると，キャラクターとコミュニケーションを
取ることができるので，日々のモチベーションが上がります。

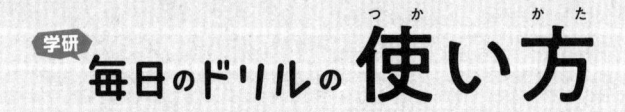

学研 毎日のドリルの 使い方

❶ 1日1枚, 集中して解きましょう。

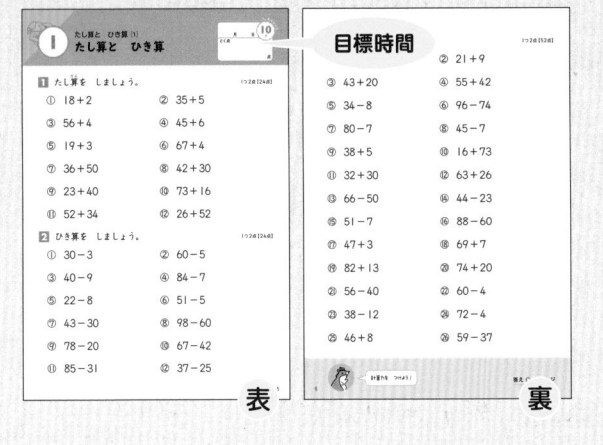

◎1回分は, 1枚（表と裏）です。

1枚ずつはがして使うこともできます。

◎目標時間を意識して解きましょう。

アプリのストップウォッチなどで, かかった時間を計るとよいでしょう。

- 「チャレンジ」の回は, 学習指導要領で学ぶ内容を応用した問題です。
- 巻末の「まとめテスト」で, この本の内容が身についたかを確認できます。

❷ おうちの方に, 答え合わせをしてもらいましょう。

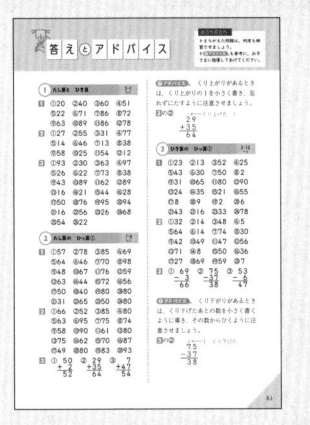

- 本の最後に, 「答えとアドバイス」があります。
- 答え合わせをして, 点数をつけてもらいましょう。

できなかった問題を解き直すと, より力がつくよ!

❸ 「できたよシート」に, 「できたよシール」をはりましょう。

- 勉強した回の番号に, 好きなシールをはりましょう。

❹ アプリに得点を登録しましょう。

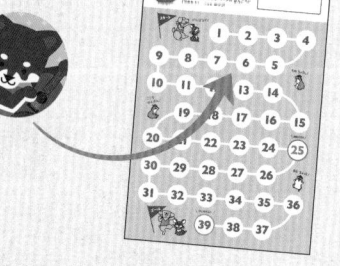

- アプリに得点を登録すると, 成績がグラフ化されます。
- 勉強すると, キャラクターが育ちます。

毎日のドリル ♪

勉強管理アプリ

「毎日のドリル」シリーズ専用、スマートフォン・タブレットで使える無料アプリです。1つのアプリでシリーズすべてを管理でき、学習習慣が楽しく身につきます。

1 「毎日のドリル」の学習を徹底サポート！

- 毎日の勉強タイムをお知らせする「タイマー」
- かかった時間を計る「ストップウォッチ」
- 勉強した日を記録する「カレンダー」
- 入力した得点をグラフ化する「グラフ化」

目標時間を意識しよう！

2 キャラクターと楽しく学べる！

好きなキャラクターを選ぶことができます。勉強をがんばると、「ひみつ」や「ワザ」が増えます。

3 1冊終わると、ごほうびがもらえる！

ドリルが1冊終わるごとに、賞状やメダル、称号がもらえます。

これはやる気がでるっさ！

4 漢字と英単語のゲームにチャレンジ！

ゲームで、どこでも手軽に、楽しく勉強できます。漢字は学年別、英単語はレベル別に構成されており、ドリルで勉強した内容の確認にもなります。

漢字のよみがなを当てよう

単語のいみを当てよう

自己ベスト更新を目指そう！

アプリの無料ダウンロードはこちらから！
https://gakken-ep.jp/extra/maidori/

【推奨環境】
- 各種Android端末：対応OS Android6.0以上
- 各種iOS(iPadOS)端末：対応OS iOS10以上

※対応OSであっても、Intel CPU (x86 Atom)搭載の端末では正しく動作しない場合があります。 ※対応OSや対応機種については、各ストアでご確認ください。 ※アプリをご利用できない場合、当社は責任を負いかねます。

また、購入前の予告なく、サービスの提供および内容を中止または変更する場合があります。ご了承くださいますよう、お願いいたします。

① たし算と　ひき算 (1)

たし算と　ひき算

月　　日　10分

とく点

点

1 たし算を　しましょう。

1つ2点【24点】

① 18＋2

② 35＋5

③ 56＋4

④ 45＋6

⑤ 19＋3

⑥ 67＋4

⑦ 36＋50

⑧ 42＋30

⑨ 23＋40

⑩ 73＋16

⑪ 52＋34

⑫ 26＋52

2 ひき算を　しましょう。

1つ2点【24点】

① 30－3

② 60－5

③ 40－9

④ 84－7

⑤ 22－8

⑥ 51－5

⑦ 43－30

⑧ 98－60

⑨ 78－20

⑩ 67－42

⑪ 85－31

⑫ 37－25

3 計算を しましょう。

1つ2点【52点】

① 84＋9

② 21＋9

③ 43＋20

④ 55＋42

⑤ 34－8

⑥ 96－74

⑦ 80－7

⑧ 45－7

⑨ 38＋5

⑩ 16＋73

⑪ 32＋30

⑫ 63＋26

⑬ 66－50

⑭ 44－23

⑮ 51－7

⑯ 88－60

⑰ 47＋3

⑱ 69＋7

⑲ 82＋13

⑳ 74＋20

㉑ 56－40

㉒ 60－4

㉓ 38－12

㉔ 72－4

㉕ 46＋8

㉖ 59－37

計算力を つけよう！

答え ▶ 83ページ

2 たし算の ひっ算①

たし算と ひき算 ⑴

月　　日

とく点

点

1 計算を しましょう。

1つ2点【48点】

① 　25
　 ＋32

② 　13
　 ＋65

③ 　73
　 ＋12

④ 　31
　 ＋38

⑤ 　10
　 ＋54

⑥ 　26
　 ＋20

⑦ 　20
　 ＋50

⑧ 　60
　 ＋38

⑨ 　41
　 ＋ 7

⑩ 　 4
　 ＋63

⑪ 　70
　 ＋ 6

⑫ 　 9
　 ＋50

⑬ 　49
　 ＋14

⑭ 　25
　 ＋19

⑮ 　47
　 ＋25

⑯ 　19
　 ＋37

⑰ 　35
　 ＋15

⑱ 　19
　 ＋21

⑲ 　33
　 ＋47

⑳ 　62
　 ＋18

㉑ 　25
　 ＋ 6

㉒ 　 6
　 ＋59

㉓ 　48
　 ＋ 2

㉔ 　 7
　 ＋73

7

2 計算を しましょう。 1つ2点【40点】

① 　　25
　　+41

② 　　29
　　+23

③ 　　50
　　+35

④ 　　26
　　+54

⑤ 　　58
　　+　5

⑥ 　　81
　　+14

⑦ 　　　4
　　+71

⑧ 　　48
　　+26

⑨ 　　16
　　+42

⑩ 　　34
　　+56

⑪ 　　36
　　+25

⑫ 　　72
　　+　8

⑬ 　　37
　　+38

⑭ 　　　4
　　+58

⑮ 　　40
　　+30

⑯ 　　19
　　+68

⑰ 　　43
　　+　6

⑱ 　　51
　　+29

⑲ 　　　3
　　+80

⑳ 　　25
　　+68

3 □の 中に, ひっ算で しましょう。 1つ4点【12点】

① 50＋2

② 29＋35

③ 7＋47

たし算の ひっ算も よく できたね。

答え ▶ 83ページ

3 たし算と　ひき算 (1)
ひき算の　ひっ算①

1 計算を　しましょう。

1つ2点【48点】

```
①    54     ②    38     ③    65     ④    47
    -31         -25         -13         -22


⑤    63     ⑥    54     ⑦    60     ⑧    27
    -20         -24         -10         -25


⑨    35     ⑩    68     ⑪    83     ⑫    97
    - 4         - 3         - 3         - 7


⑬    43     ⑭    71     ⑮    50     ⑯    70
    -19         -36         -29         -15


⑰    43     ⑱    26     ⑲    60     ⑳    80
    -35         -17         -58         -74


㉑    52     ㉒    23     ㉓    40     ㉔    80
    - 9         - 7         - 7         - 2
```

9

2 計算を しましょう。

① 73 − 41

② 52 − 38

③ 58 − 10

④ 34 − 29

⑤ 69 − 5

⑥ 80 − 66

⑦ 86 − 12

⑧ 38 − 8

⑨ 89 − 47

⑩ 53 − 4

⑪ 71 − 24

⑫ 60 − 4

⑬ 90 − 19

⑭ 72 − 64

⑮ 95 − 45

⑯ 42 − 6

⑰ 94 − 67

⑱ 89 − 20

⑲ 70 − 11

⑳ 90 − 83

3 □の 中に, ひっ算で しましょう。

① 69 − 3

② 75 − 37

③ 53 − 6

ひき算の ひっ算も かんぺきだよ！

答え ▶ 83ページ

4 たし算と　ひき算の　ひっ算①

月　　日　　**10**分

とく点

点

1 計算を　しましょう。

1つ2点【16点】

① 43＋16　　　　② 35＋40

③ 82＋8　　　　④ 66＋7

⑤ 57－30　　　　⑥ 70－6

⑦ 62－6　　　　⑧ 98－52

2 計算を　しましょう。

1つ2点【32点】

① 　72
　＋23

② 　49
　＋21

③ 　35
　＋40

④ 　52
　＋　7

⑤ 　15
　＋57

⑥ 　　6
　＋80

⑦ 　68
　＋　9

⑧ 　66
　＋28

⑨ 　96
　－36

⑩ 　76
　－53

⑪ 　92
　－27

⑫ 　68
　－　6

⑬ 　70
　－22

⑭ 　84
　－76

⑮ 　91
　－68

⑯ 　80
　－　7

3 計算を しましょう。

① 　50
　 ＋40

② 　13
　 ＋47

③ 　59
　 － 9

④ 　70
　 －35

⑤ 　68
　 －14

⑥ 　41
　 －37

⑦ 　42
　 ＋36

⑧ 　72
　 ＋ 4

⑨ 　28
　 ＋54

⑩ 　66
　 ＋ 4

⑪ 　42
　 － 5

⑫ 　85
　 －80

⑬ 　94
　 － 5

⑭ 　90
　 －28

⑮ 　79
　 ＋ 6

⑯ 　36
　 ＋26

⑰ 　96
　 －48

⑱ 　90
　 －86

⑲ 　38
　 ＋32

⑳ 　16
　 ＋77

4 □の 中に, ひっ算で しましょう。

① 7＋49

② 60－3

③ 91－26

これで, たし算と ひき算の 計算は だいじょうぶ！

答え ▶ 84ページ

たし算と　ひき算の ひっ算②

月　　日　10分

とく点

点

1　計算を　しましょう。

1つ2点【48点】

①
```
  47
+ 12
```

②
```
  66
+  3
```

③
```
  24
+ 38
```

④
```
   4
+ 76
```

⑤
```
  54
- 32
```

⑥
```
  39
-  4
```

⑦
```
  43
- 26
```

⑧
```
  22
-  7
```

⑨
```
  52
+  6
```

⑩
```
  60
+ 20
```

⑪
```
  25
+ 58
```

⑫
```
  89
+  7
```

⑬
```
  82
- 75
```

⑭
```
  93
-  3
```

⑮
```
  50
-  8
```

⑯
```
  67
- 37
```

⑰
```
   8
+ 51
```

⑱
```
  57
+ 33
```

⑲
```
  69
+  5
```

⑳
```
  26
+ 30
```

㉑
```
  78
-  6
```

㉒
```
  65
- 49
```

㉓
```
  87
- 20
```

㉔
```
  46
-  9
```

2 計算を しましょう。

①
```
   1 4
 + 3 2
```

②
```
     5
 + 4 3
```

③
```
   7 5
 - 5 3
```

④
```
   5 8
 -   5
```

⑤
```
   8 1
 -   3
```

⑥
```
   9 7
 - 8 9
```

⑦
```
   6 3
 +   7
```

⑧
```
   2 9
 + 2 7
```

⑨
```
   2 9
 + 5 3
```

⑩
```
   3 6
 + 4 0
```

⑪
```
   6 2
 - 2 4
```

3 □の 中に, ひっ算で しましょう。

① 73＋24

② 18＋48

③ 7＋65

④ 44－34

⑤ 51－27

⑥ 33－9

アプリに, とく点を とうろくしよう！

答え ▶ 84ページ

チャレンジ 6　たし算と　ひき算 (1)
たし算と　ひき算の　ひっ算③

1 □に　あてはまる　数を　書きましょう。

①, ②1つ2点，③〜⑥1つ3点【16点】

①　24＋□＝30

30は　24より　いくつ
大きいか　考える。

②　39＋□＝43

③　72＋□＝81

④　40−□＝35

35は　40より　いくつ
小さいか　考える。

⑤　33−□＝28

⑥　47−□＝38

2 □に　あてはまる　数を　書きましょう。

1つ4点【24点】

①
```
   4 1
＋  1 □
─────
   5 7
```
1+□=7

②
```
   5 4
＋ □ 9
─────
   8 3
```
1　くり上がって　いるから，
1+5+□=8

③
```
  □ 5
＋ 3 □
─────
  5 0
```
くり上がりが　ある。

④
```
   8 6
−  1 □
─────
   7 4
```
6−□=4

⑤
```
   5 2
− □ 9
─────
   1 3
```
1　くり下がって　いるから，
5−1−□=1

⑥
```
  □ 0
− 3 □
─────
  2 3
```
くり下がりが　ある。

15

3 □に あてはまる 数を 書きましょう。　1つ4点【24点】

① 54 + □ = 62

② 66 + □ = 75

③ □ + 72 = 98

④ 79 − □ = 65

⑤ □ − 8 = 52

⑥ □ − 30 = 44

4 □に あてはまる 数を 書きましょう。　1つ4点【36点】

①
```
  □ 2
+ 1 □
─────
  8 6
```

②
```
  2 □
+ 3 6
─────
□ 0
```

③
```
  3 9
+ □ 6
─────
  5 □
```

④
```
  □ □
+ 5 7
─────
  9 2
```

⑤
```
  □ 5
− 2 □
─────
  7 0
```

⑥
```
  7 0
− □ 9
─────
  4 □
```

⑦
```
  8 □
− 5 8
─────
  □ 5
```

⑧
```
  9 0
− □ □
─────
  4 4
```

⑨
```
  7 □
− □ 8
─────
    6
```

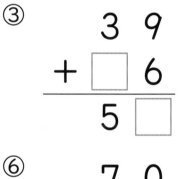

まちがえずに できたかな？

答え ▶ 84ページ

何十の　計算

1 計算を　しましょう。

1つ2点【24点】

① 70＋40　　　　② 60＋80

③ 80＋50　　　　④ 40＋90

⑤ 50＋70　　　　⑥ 90＋20

⑦ 90＋60　　　　⑧ 80＋40

⑨ 50＋80　　　　⑩ 70＋70

⑪ 30＋90　　　　⑫ 90＋80

2 計算を　しましょう。

1つ2点【24点】

① 150－60　　　　② 120－40

③ 110－30　　　　④ 140－50

⑤ 130－80　　　　⑥ 170－90

⑦ 120－60　　　　⑧ 150－80

⑨ 140－70　　　　⑩ 110－20

⑪ 160－90　　　　⑫ 130－50

3 計算を しましょう。

① 70 + 50

② 40 + 80

③ 60 + 60

④ 20 + 90

⑤ 120 - 30

⑥ 140 - 90

⑦ 180 - 90

⑧ 110 - 50

⑨ 70 + 90

⑩ 50 + 60

⑪ 30 + 80

⑫ 90 + 40

⑬ 110 - 90

⑭ 150 - 70

⑮ 130 - 40

⑯ 120 - 80

⑰ 60 + 70

⑱ 80 + 90

⑲ 90 + 30

⑳ 70 + 80

㉑ 170 - 80

㉒ 130 - 60

㉓ 160 - 70

㉔ 120 - 50

㉕ 80 + 70

㉖ 130 - 70

れんしゅうを くりかえして, 計算力を つけよう！

答え ▶ 85ページ

何百何十の　計算

1 計算を　しましょう。

1つ2点【24点】

① 250＋30

② 940＋20

③ 560＋10

④ 310＋50

⑤ 630＋40

⑥ 470＋20

⑦ 820＋30

⑧ 720＋60

⑨ 300＋2

⑩ 200＋50

⑪ 400＋80

⑫ 500＋4

2 計算を　しましょう。

1つ2点【24点】

① 570－10

② 290－60

③ 860－50

④ 680－70

⑤ 590－20

⑥ 370－30

⑦ 750－30

⑧ 460－10

⑨ 480－40

⑩ 940－20

⑪ 270－50

⑫ 850－40

3 計算を しましょう。

① $460 + 30$

② $240 + 50$

③ $810 + 40$

④ $300 + 70$

⑤ $250 - 10$

⑥ $490 - 30$

⑦ $980 - 60$

⑧ $570 - 40$

⑨ $350 + 20$

⑩ $580 + 10$

⑪ $900 + 8$

⑫ $720 + 70$

⑬ $640 - 30$

⑭ $380 - 50$

⑮ $290 - 80$

⑯ $560 - 20$

⑰ $930 + 10$

⑱ $400 + 90$

⑲ $620 + 20$

⑳ $230 + 60$

㉑ $470 - 20$

㉒ $790 - 70$

㉓ $380 - 10$

㉔ $860 - 40$

㉕ $510 + 80$

㉖ $730 - 10$

今日の ちょうしは どうだった？

答え ▶ 85ページ

何百の　計算

1 計算を　しましょう。

1つ2点【28点】

① 100＋600

② 200＋300

③ 400＋200

④ 800＋100

⑤ 600＋200

⑥ 400＋500

⑦ 500＋500

⑧ 300＋700

⑨ 700＋800

⑩ 600＋500

⑪ 800＋400

⑫ 900＋300

⑬ 500＋700

⑭ 400＋900

2 計算を　しましょう。

1つ2点【20点】

① 600－200

② 400－100

③ 700－500

④ 900－400

⑤ 800－300

⑥ 300－100

⑦ 1000－400

⑧ 1000－700

⑨ 1000－900

⑩ 1000－300

3 計算を しましょう。

① 500 + 300

② 100 + 700

③ 200 + 800

④ 600 + 600

⑤ 600 − 100

⑥ 1000 − 800

⑦ 900 + 900

⑧ 200 + 500

⑨ 1000 − 200

⑩ 300 − 200

⑪ 300 + 100

⑫ 700 + 400

⑬ 400 + 800

⑭ 900 + 100

⑮ 800 − 700

⑯ 1000 − 500

⑰ 200 + 200

⑱ 800 + 700

⑲ 500 − 300

⑳ 900 − 600

㉑ 400 + 600

㉒ 700 + 200

㉓ 800 + 300

㉔ 400 + 600

㉕ 1000 − 600

㉖ 700 − 400

何百の 計算も できるように なったね！

答え ▶ 86ページ

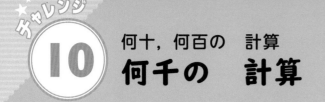

何千の　計算

1 計算を　しましょう。

1つ2点【4点】

① 4000 ＋ 5000 ＝ ☐

| 1000 | 1000 | 1000 | 1000 |

| 1000 | 1000 | 1000 | 1000 | 1000 |

・1000が　（4＋5）で　9こ
・1000が　9こで　9000

② 1500 － 700 ＝ ☐

| 100 | 100 | 100 | 100 | 100 | 100 | 100 | 100 | 100 | 100 |
| 100 | 100 | 100 | 100 | 100 |

・100が　（15－7）で　8こ
・100が　8こで　800

2 計算を　しましょう。

1つ3点【24点】

① 4000 ＋ 2000 ＝ ☐　　② 2000 ＋ 3000 ＝ ☐

③ 3000 ＋ 1000 ＝ ☐　　④ 5000 ＋ 2000 ＝ ☐

⑤ 6000 － 1000 ＝ ☐　　⑥ 8000 － 3000 ＝ ☐

⑦ 1100 － 600 ＝ ☐　　⑧ 1800 － 900 ＝ ☐

3 計算を しましょう。　　　　　　　　　　　　　1つ3点【30点】

① 1100＋200　　　　② 1400＋600

③ 1200＋900　　　　④ 1700＋800

⑤ 1600＋700　　　　⑥ 1100－300

⑦ 1400－500　　　　⑧ 1500－900

⑨ 1300－600　　　　⑩ 1200－700

4 計算を しましょう。　　　　　　　　　　　　　1つ3点【42点】

① 3000＋3000　　　　② 1000＋4000

③ 5000＋4000　　　　④ 4000＋3000

⑤ 2000＋7000　　　　⑥ 6000＋2000

⑦ 6000＋4000　　　　⑧ 7000－2000

⑨ 5000－1000　　　　⑩ 6000－5000

⑪ 9000－2000　　　　⑫ 7000－3000

⑬ 8000－6000　　　　⑭ 10000－7000

これからは 何千の 計算も こわくないね。

答え ▶ 86ページ

大きな　数の　計算

1 計算を　しましょう。　　　　　　　　　1つ2点【24点】

① 240＋30　　　　　② 50＋60

③ 300＋500　　　　④ 150＋40

⑤ 200＋800　　　　⑥ 600＋3

⑦ 100＋400　　　　⑧ 700＋60

⑨ 90＋20　　　　　⑩ 400＋800

⑪ 700＋900　　　　⑫ 80＋50

2 計算を　しましょう。　　　　　　　　　1つ2点【24点】

① 110－60　　　　　② 990－80

③ 600－400　　　　④ 120－40

⑤ 900－600　　　　⑥ 840－20

⑦ 1000－500　　　⑧ 900－300

⑨ 110－30　　　　　⑩ 670－50

⑪ 420－10　　　　　⑫ 140－70

3 計算を しましょう。

1つ2点【52点】

① 400＋500

② 60＋70

③ 370＋10

④ 800＋80

⑤ 130－50

⑥ 530－20

⑦ 250－40

⑧ 400－300

⑨ 80＋30

⑩ 700＋600

⑪ 500＋200

⑫ 820＋40

⑬ 800－500

⑭ 360－30

⑮ 160－70

⑯ 1000－900

⑰ 430＋60

⑱ 200＋100

⑲ 600＋400

⑳ 50＋90

㉑ 170－90

㉒ 780－40

㉓ 500－100

㉔ 150－80

㉕ 100＋7

㉖ 700－200

100点を めざして がんばろう！

答え ▶ 87ページ

たし算と　ひき算 ⑵

たし算の　ひっ算②

月　　日

10分

とく点

点

1 計算を　しましょう。

1つ2点【48点】

①
```
  9 5
+ 4 1
```

②
```
  6 2
+ 5 4
```

③
```
  5 6
+ 5 3
```

④
```
  7 3
+ 9 2
```

⑤
```
  5 0
+ 8 6
```

⑥
```
  7 3
+ 5 0
```

⑦
```
  8 0
+ 7 0
```

⑧
```
  9 0
+ 1 9
```

⑨
```
  5 9
+ 9 2
```

⑩
```
  9 6
+ 3 7
```

⑪
```
  7 8
+ 8 4
```

⑫
```
  8 9
+ 2 7
```

⑬
```
  4 9
+ 7 5
```

⑭
```
  8 3
+ 5 7
```

⑮
```
  9 6
+ 9 8
```

⑯
```
  8 6
+ 3 4
```

⑰
```
  8 5
+ 1 6
```

⑱
```
  4 3
+ 5 9
```

⑲
```
  7 5
+ 2 7
```

⑳
```
  3 2
+ 6 8
```

㉑
```
  9 4
+   8
```

㉒
```
    7
+ 9 7
```

㉓
```
  9 8
+   6
```

㉔
```
    4
+ 9 6
```

2 計算を しましょう。 1つ2点【40点】

①
$$72 + 45$$

②
$$29 + 96$$

③
$$10 + 93$$

④
$$63 + 78$$

⑤
$$73 + 67$$

⑥
$$64 + 93$$

⑦
$$58 + 44$$

⑧
$$71 + 37$$

⑨
$$97 + 80$$

⑩
$$99 + 5$$

⑪
$$86 + 84$$

⑫
$$94 + 28$$

⑬
$$98 + 49$$

⑭
$$62 + 38$$

⑮
$$60 + 65$$

⑯
$$7 + 98$$

⑰
$$94 + 16$$

⑱
$$5 + 95$$

⑲
$$78 + 77$$

⑳
$$26 + 78$$

3 □の 中に, ひっ算で しましょう。 1つ4点【12点】

① 84＋24

② 48＋76

③ 4＋99

まちがえた ところは, もういちど やりなおそうね。

答え ▶ 87ページ

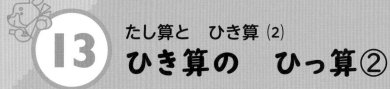

月　　日　　10分

とく点

点

1 計算を　しましょう。

1つ2点【48点】

① 　133
　－　92

② 　118
　－　85

③ 　107
　－　51

④ 　156
　－　84

⑤ 　125
　－　70

⑥ 　112
　－　52

⑦ 　130
　－　40

⑧ 　108
　－　90

⑨ 　142
　－　89

⑩ 　150
　－　97

⑪ 　116
　－　67

⑫ 　110
　－　34

⑬ 　163
　－　97

⑭ 　142
　－　48

⑮ 　184
　－　86

⑯ 　150
　－　58

⑰ 　104
　－　59

⑱ 　102
　－　35

⑲ 　100
　－　86

⑳ 　100
　－　21

㉑ 　103
　－　8

㉒ 　101
　－　9

㉓ 　100
　－　6

㉔ 　100
　－　3

2 計算を しましょう。

```
①    171      ②    123      ③    156      ④    152
   －  91        －  75        －  71        －  83
```

```
⑤    180      ⑥    105      ⑦    141      ⑧    146
   －  96        －  64        －  88        －  70
```

```
⑨    106      ⑩    153      ⑪    129      ⑫    100
   －  48        －  69        －  64        －   5
```

```
⑬    109      ⑭    192      ⑮    100      ⑯    110
   －  56        －  94        －  72        －  73
```

```
⑰    115      ⑱    101      ⑲    170      ⑳    103
   －  26        －   4        －  78        －  96
```

3 □の 中に, ひっ算で しましょう。

① 143－53　　② 117－58　　③ 107－8

これで, くり下がりの ある ひき算は ごうかくだ！

答え ▶ 87ページ

3つの 数の 計算

月　日　10分

とく点

点

1 計算を しましょう。

1つ2点【12点】

①
```
   3 1
   1 4
 + 1 2
```

②
```
   1 8
   2 5
 + 5 3
```

③
```
   3 9
   2 5
 + 1 7
```

④
```
   3 5
   6 0
 + 4 1
```

⑤
```
   5 4
   5 7
 + 4 2
```

⑥
```
   2 7
   6 8
 + 2 6
```

2 くふうして 計算しましょう。

1つ2点【24点】

①　29＋3＋7

②　78＋4＋6

③　5＋9＋31

④　39＋28＋22

⑤　17＋68＋3

⑥　47＋35＋25

⑦　58＋26＋74

⑧　62＋59＋38

⑨　44＋7＋3

⑩　53＋24＋6

⑪　75＋8＋42

⑫　15＋35＋92

31

3 □の 中に, ひっ算で しましょう。

① 26+73+18　② 95+40+12　③ 49+36+57

4 くふうして 計算しましょう。

① 37+6+4　　　② 69+18+72

③ 12+39+48　　④ 37+45+5

⑤ 52+6+4　　　⑥ 57+81+3

⑦ 19+4+56　　⑧ 34+13+87

⑨ 5+78+15　　⑩ 46+27+33

⑪ 19+61+95　　⑫ 28+77+12

⑬ 29+64+71

くふうして 計算するって, おもしろいね。

答え ▶ 88ページ

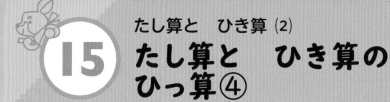

1 計算を しましょう。　　　1つ2点【24点】

①
```
  8 4
+ 6 2
```

②
```
  6 8
+ 5 2
```

③
```
  4 9
+ 8 6
```

④
```
  7 0
+ 9 5
```

⑤
```
  2 3
+ 7 8
```

⑥
```
  9 1
+ 4 5
```

⑦
```
  8 7
+ 8 5
```

⑧
```
  4 6
+ 5 7
```

⑨
```
  9 3
+ 9 0
```

⑩
```
  9 2
+   8
```

⑪
```
  4 3
  6 2
+ 6 4
```

⑫
```
  7 3
  2 8
+ 5 5
```

2 計算を しましょう。　　　1つ2点【24点】

①
```
  1 2 7
-   7 2
```

②
```
  1 3 2
-   4 5
```

③
```
  1 5 8
-   6 4
```

④
```
  1 1 1
-   3 7
```

⑤
```
  1 3 0
-   7 4
```

⑥
```
  1 4 5
-   6 5
```

⑦
```
  1 1 5
-   5 9
```

⑧
```
  1 0 0
-   6 2
```

⑨
```
  1 0 4
-   5 0
```

⑩
```
  1 6 3
-   6 9
```

⑪
```
  1 0 6
-     8
```

⑫
```
  1 4 0
-   4 8
```

3 計算を しましょう。 1つ2点【22点】

① 　　63
　　＋84

② 　　26
　　＋94

③ 　159
　　－ 82

④ 　120
　　－ 67

⑤ 　114
　　－ 67

⑥ 　103
　　－ 37

⑦ 　　15
　　＋97

⑧ 　　58
　　　17
　　＋88

⑨ 　　27
　　＋83

⑩ 　　68
　　＋37

⑪ 　125
　　－ 87

4 □の 中に, ひっ算で しましょう。 1つ5点【30点】

① 48＋65

② 96＋7

③ 140－84

④ 123－26

⑤ 100－3

⑥ 8＋94

答え ▶ 88ページ

今日も がんばったね！

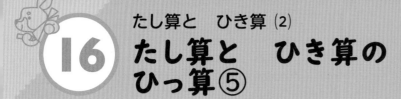

16 たし算と　ひき算 ⑵

たし算と　ひき算の　ひっ算⑤

1 計算を　しましょう。　　　　　　　　1つ2点【40点】

① 　 5 0
　＋9 7

② 　 3 9
　＋8 8

③ 　 9 5
　＋7 2

④ 　 8 7
　＋3 3

⑤ 　1 3 4
　－　5 4

⑥ 　1 2 1
　－　8 6

⑦ 　1 1 0
　－　8 4

⑧ 　1 7 9
　－　9 6

⑨ 　 6 9
　＋9 2

⑩ 　 7 2
　＋4 6

⑪ 　 6 4
　＋7 9

⑫ 　　　7
　＋9 4

⑬ 　1 0 1
　－　3 4

⑭ 　1 3 1
　－　8 0

⑮ 　1 7 2
　－　7 6

⑯ 　1 0 0
　－　　2

⑰ 　 4 9
　＋6 0

⑱ 　 5 1
　＋4 9

⑲ 　1 0 9
　－　5 8

⑳ 　1 3 2
　－　7 4

2 くふうして　計算しましょう。　　　　　　1つ3点【12点】

① 57＋36＋4

② 3＋48＋27

③ 36＋8＋2

④ 71＋15＋35

35

3 計算を しましょう。 1つ2点【24点】

① $\begin{array}{r} 59 \\ +64 \\ \hline \end{array}$

② $\begin{array}{r} 57 \\ +72 \\ \hline \end{array}$

③ $\begin{array}{r} 167 \\ -70 \\ \hline \end{array}$

④ $\begin{array}{r} 136 \\ -99 \\ \hline \end{array}$

⑤ $\begin{array}{r} 117 \\ -38 \\ \hline \end{array}$

⑥ $\begin{array}{r} 129 \\ -34 \\ \hline \end{array}$

⑦ $\begin{array}{r} 51 \\ +58 \\ \hline \end{array}$

⑧ $\begin{array}{r} 27 \\ +95 \\ \hline \end{array}$

⑨ $\begin{array}{r} 78 \\ +62 \\ \hline \end{array}$

⑩ $\begin{array}{r} 84 \\ +73 \\ \hline \end{array}$

⑪ $\begin{array}{r} 105 \\ -85 \\ \hline \end{array}$

⑫ $\begin{array}{r} 122 \\ -97 \\ \hline \end{array}$

4 □の 中に, ひっ算で しましょう。 1つ3点【9点】

① 98＋8

② 111－25

③ 103－6

5 くふうして 計算しましょう。 1つ3点【15点】

① 22＋39＋48

② 54＋9＋31

③ 15＋35＋46

④ 16＋24＋62

⑤ 73＋27＋34

つぎは チャレンジの 回に ちょうせん！

答え ▶ 88ページ

17 たし算と ひき算の ひっ算⑥

1 □に あてはまる 数を 書きましょう。　1つ5点【30点】

①
```
    9 2
+   □ 5
─────
  1 3 7
```
9+□=13

②
```
    5 5
+   7 □
─────
  1 □ 3
```
くり上がりが ある。

③
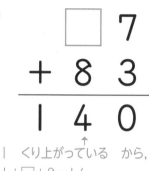
```
    □ 7
+   8 3
─────
  1 4 0
```
1 くり上がっている から，
1+□+8=14

④
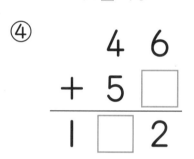
```
    4 6
+   5 □
─────
  1 □ 2
```

⑤
```
    3 □
+   □ 6
─────
  1 2 4
```

⑥
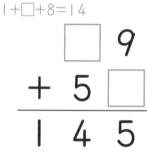
```
    □ 9
+   5 □
─────
  1 4 5
```

2 □にあてはまる 数を 書きましょう。　1つ5点【20点】

①
```
  1 2 8
-   □ □
─────
    3 4
```
12-□=3　　8-□=4

②
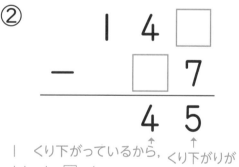
```
  1 4 □
-   □ 7
─────
    4 5
```
1 くり下がっているから，くり下がりが ある。
14-1-□=4

③
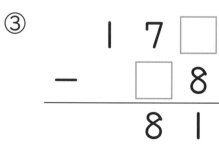
```
  1 7 □
-   □ 8
─────
    8 1
```

④
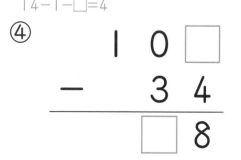
```
  1 0 □
-   3 4
─────
    □ 8
```

3 □に あてはまる 数を 書きましょう。　　1つ5点【30点】

①
```
    7 □
 +  □ 6
 ─────
  1 3 6
```

②
```
    □ 6
 +  5 □
 ─────
  1 2 5
```

③
```
   □ □
 +   8
 ─────
 1 0 2
```

④
```
    3 □
 +  □ 8
 ─────
  1 2 3
```

⑤
```
    □ 4
 +  5 □
 ─────
  1 5 1
```

⑥
```
    8 □
 +  □ 6
 ─────
  1 6 3
```

4 □に あてはまる 数を 書きましょう。　　1つ5点【20点】

①
```
  1 3 □
 -  □ 2
 ─────
    5 3
```

②
```
  1 1 5
 -  4 □
 ─────
   □ 7
```

③
```
  1 □ 0
 -  4 □
 ─────
    9 2
```

④
```
  1 □ □
 -  7 8
 ─────
    2 5
```

これが できるなんて スゴイ！

答え ▶ 89ページ

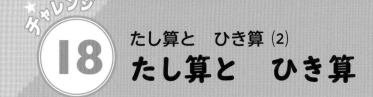

チャレンジ
18 たし算と　ひき算 (2)
たし算と　ひき算

1 くふうして　計算しましょう。　　　　　　　　　1つ2点【16点】

① $104 - 6 = \boxed{}$

4　2

6を　4と　2に　分けて　ひく。
❶104−4=100
❷100−2=$\boxed{98}$

② $200 - 185 = \boxed{}$

100　80　5

185を　100と　80と
5に　分けて　ひく。
❶200−100=100
❷100−80=20
❸20−5=$\boxed{15}$

③ $103 - 4 = \boxed{}$

④ $105 - 7 = \boxed{}$

⑤ $156 - 23 = \boxed{}$

⑥ $137 - 68 = \boxed{}$

⑦ $200 - 155 = \boxed{}$

⑧ $200 - 135 = \boxed{}$

2 くふうして　計算しましょう。　　　　　　　　　1つ4点【24点】

① $36 - 8 - 2$

8と　2を
まとめて　10

② $71 - 6 - 4$

③ $71 - 15 - 35$

④ $121 - 21 - 36$

⑤ $185 - 75 - 8$

⑥ $149 - 69 - 21$

3 くふうして 計算しましょう。 1つ2点【20点】

① 101 − 2

② 103 − 5

③ 104 − 8

④ 102 − 7

⑤ 126 − 28

⑥ 182 − 94

⑦ 200 − 175

⑧ 200 − 145

⑨ 200 − 168

⑩ 200 − 124

4 くふうして 計算しましょう。 1つ4点【40点】

① 75 − 6 − 9

② 86 − 8 − 12

③ 136 − 46 − 7

④ 168 − 28 − 50

⑤ 179 − 25 − 24

⑥ 132 − 18 − 54

⑦ 193 − 21 − 39

⑧ 145 − 71 − 34

⑨ 127 − 53 − 24

⑩ 118 − 25 − 43

よくできたね！　おつかれさま！

答え ▶ 89ページ

3けたの 数の たし算

1 計算を しましょう。

1つ2点【48点】

① 　412
　＋　56

② 　　23
　＋745

③ 　503
　＋　61

④ 　　82
　＋315

⑤ 　　38
　＋640

⑥ 　842
　＋　35

⑦ 　　50
　＋230

⑧ 　943
　＋　53

⑨ 　216
　＋　58

⑩ 　　29
　＋614

⑪ 　327
　＋　47

⑫ 　　28
　＋905

⑬ 　645
　＋　 9

⑭ 　　75
　＋218

⑮ 　935
　＋　46

⑯ 　　19
　＋275

⑰ 　　16
　＋837

⑱ 　607
　＋　43

⑲ 　　 2
　＋638

⑳ 　219
　＋　43

㉑ 　537
　＋　26

㉒ 　　45
　＋837

㉓ 　815
　＋　65

㉔ 　　16
　＋525

2 計算を しましょう。

1つ2点【40点】

```
①    340      ②     67      ③    844      ④     27
   +  29         +328         +  27         +704
```

```
⑤     54      ⑥    362      ⑦     74      ⑧    728
   +126          +  19         +124         +  34
```

```
⑨     39      ⑩    667      ⑪     59      ⑫    408
   +502          +  21         +417         +   6
```

```
⑬     52      ⑭    126      ⑮     28      ⑯    713
   +807          +  68         +457         +  46
```

```
⑰    503      ⑱     36      ⑲    758      ⑳      9
   +  79         +523         +  39         +358
```

3 □の 中に, ひっ算で しましょう。

1つ4点【12点】

① 252＋43　　② 436＋19　　③ 3＋728

これで 半分！

答え ▶ 90ページ

20 たし算と　ひき算 (3)

3けたの　数の　ひき算

月　　日
とく点
点

1 計算を　しましょう。

1つ2点【48点】

① 　293
　－　41

② 　458
　－　37

③ 　796
　－　23

④ 　369
　－　47

⑤ 　688
　－　15

⑥ 　584
　－　21

⑦ 　997
　－　53

⑧ 　819
　－　　8

⑨ 　375
　－　26

⑩ 　153
　－　17

⑪ 　291
　－　84

⑫ 　546
　－　28

⑬ 　864
　－　39

⑭ 　428
　－　19

⑮ 　780
　－　34

⑯ 　694
　－　25

⑰ 　582
　－　63

⑱ 　761
　－　59

⑲ 　394
　－　56

⑳ 　271
　－　45

㉑ 　842
　－　37

㉒ 　435
　－　　7

㉓ 　971
　－　　3

㉔ 　682
　－　　5

計算を しましょう。

1つ2点【40点】

① 　856
　－　25

② 　593
　－　74

③ 　874
　－　68

④ 　729
　－　16

⑤ 　380
　－　16

⑥ 　947
　－　34

⑦ 　492
　－　4

⑧ 　291
　－　42

⑨ 　483
　－　25

⑩ 　734
　－　27

⑪ 　385
　－　64

⑫ 　672
　－　36

⑬ 　604
　－　2

⑭ 　957
　－　28

⑮ 　196
　－　37

⑯ 　273
　－　62

⑰ 　260
　－　48

⑱ 　865
　－　8

⑲ 　495
　－　31

⑳ 　585
　－　79

3 **□の 中に, ひっ算で しましょう。**

1つ4点【12点】

① 576－52

② 753－49

③ 651－7

アプリに, とく点を とうろくしよう！

答え ▶ 90ページ

1 計算を しましょう。

1つ2点【48点】

①
```
  243
+  52
```

②
```
  368
+  15
```

③
```
  266
+  25
```

④
```
  145
+  39
```

⑤
```
  462
-  53
```

⑥
```
  249
-  32
```

⑦
```
  678
-  45
```

⑧
```
  385
-  35
```

⑨
```
  273
+  18
```

⑩
```
  459
+  36
```

⑪
```
  367
+  25
```

⑫
```
  119
+  63
```

⑬
```
  284
-  25
```

⑭
```
  152
-  38
```

⑮
```
  490
-  74
```

⑯
```
  358
-  29
```

⑰
```
  376
-  58
```

⑱
```
  483
-  72
```

⑲
```
  541
-  39
```

⑳
```
  795
-  87
```

㉑
```
  234
+  26
```

㉒
```
  106
-  57
```

㉓
```
  521
+  39
```

㉔
```
  754
-  47
```

2 □に あてはまる 数を 書きましょう。 1つ2点【12点】

① 43 + □ = 497

② 48 + □ = 389

③ 25 + □ = 573

④ 138 − □ = 99

⑤ 175 − □ = 88

⑥ □ + 28 = 452

3 計算を しましょう。 1つ2点【40点】

① 225
  +　69

② 364
  +　　7

③ 479
  +　13

④ 348
  +　42

⑤ 266
  −　41

⑥ 345
  −　32

⑦ 462
  −　58

⑧ 295
  −　49

⑨ 274
  −　16

⑩ 281
  −　74

⑪ 216
  +　54

⑫ 338
  −　28

⑬ 845
  +　37

⑭ 261
  −　　5

⑮ 　　9
  +567

⑯ 226
  −　17

⑰ 397
  −　89

⑱ 734
  +　58

⑲ 183
  −　85

⑳ 347
  +　38

3けたの ひっ算も バッチリ！

答え ▶ 90ページ

たし算と　ひき算 ⑶

3けたの　数の
たし算と　ひき算②

1 計算を　しましょう。

1つ2点【18点】

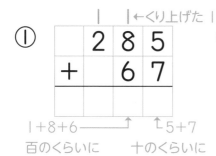

① 285 + 67

② 69 + 843

③ 679 + 37

④ 89 + 726

⑤ 398 + 75

⑥ 79 + 261

⑦ 734 + 68

⑧ 47 + 654

⑨ 853 + 47

2 計算を　しましょう。

1つ2点【12点】

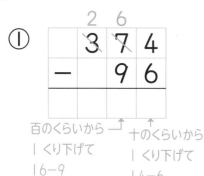

① 374 − 96

② 731 − 45

③ 426 − 89

④ 547 − 98

⑤ 952 − 73

⑥ 215 − 36

3 計算を しましょう。　　　　　　　　　　　　1つ3点【60点】

① 　438
　＋　74

② 　　96
　＋388

③ 　623
　－　56

④ 　831
　－　78

⑤ 　318
　－　69

⑥ 　235
　－　98

⑦ 　　86
　＋534

⑧ 　745
　＋　86

⑨ 　　65
　＋437

⑩ 　297
　＋　58

⑪ 　542
　－　89

⑫ 　764
　－　85

⑬ 　463
　－　68

⑭ 　862
　－　74

⑮ 　328
　＋　97

⑯ 　　73
　＋449

⑰ 　858
　＋　92

⑱ 　　14
　＋686

⑲ 　931
　－　52

⑳ 　652
　－　57

4 □の 中に, ひっ算で しましょう。　　　　　1つ5点【10点】

① 79＋254

② 521－69

すごく がんばったね。えらいよ。

答え ▶ 91ページ

ひっ算の　れんしゅう①

1 計算を　しましょう。

1つ2点【48点】

①
$$56 + 73$$

②
$$43 + 62$$

③
$$78 + 50$$

④
$$86 + 57$$

⑤
$$6 + 98$$

⑥
$$38 + 75$$

⑦
$$264 + 35$$

⑧
$$601 + 27$$

⑨
$$20 + 560$$

⑩
$$439 + 24$$

⑪
$$56 + 835$$

⑫
$$807 + 6$$

⑬
$$463 - 12$$

⑭
$$168 - 93$$

⑮
$$134 - 60$$

⑯
$$107 - 47$$

⑰
$$135 - 89$$

⑱
$$120 - 23$$

⑲
$$154 - 85$$

⑳
$$716 - 3$$

㉑
$$394 - 58$$

㉒
$$834 - 25$$

㉓
$$642 - 7$$

㉔
$$240 - 5$$

49

2 計算を しましょう。　　　　　　　　　1つ2点【22点】

① 　　26
　　+82

② 　　54
　　+713

③ 　126
　－　56

④ 　473
　－　29

⑤ 　110
　－　74

⑥ 　578
　－　42

⑦ 　173
　＋　25

⑧ 　　26
　　30
　＋84

⑨ 　　79
　＋71

⑩ 　583
　＋　7

⑪ 　105
　－　82

3 □の　中に，ひっ算で　しましょう。　　　1つ5点【30点】

① 27＋85

② 38＋940

③ 705＋68

④ 194－98

⑤ 368－53

⑥ 850－32

たし算，ひき算は　かんぺきだね。

答え ▶ 91ページ

ひっ算の れんしゅう②

1 計算を しましょう。

1つ2点【48点】

①
```
  34
+ 52
```

②
```
   3
+ 94
```

③
```
  18
+ 46
```

④
```
  67
+  9
```

⑤
```
  86
- 62
```

⑥
```
  58
-  3
```

⑦
```
  70
- 19
```

⑧
```
  83
-  7
```

⑨
```
  45
+ 91
```

⑩
```
  70
+ 58
```

⑪
```
  56
+ 47
```

⑫
```
  95
+ 65
```

⑬
```
  134
-  53
```

⑭
```
  104
-  54
```

⑮
```
  112
-  96
```

⑯
```
  140
-  88
```

⑰
```
  542
+  37
```

⑱
```
  306
+  70
```

⑲
```
  714
+  58
```

⑳
```
    8
+ 203
```

㉑
```
  386
-  72
```

㉒
```
  834
-  34
```

㉓
```
  483
-  69
```

㉔
```
  264
-  58
```

計算を　しましょう。

1つ2点【22点】

① 　　28
　　+52

② 　542
　+　37

③ 　104
　−　46

④ 　　93
　　−40

⑤ 　395
　−　72

⑥ 　　76
　　−29

⑦ 　　93
　　+56

⑧ 　　71
　　+39

⑨ 　　49
　+602

⑩ 　　56
　　+12

⑪ 　783
　−　69

□の　中に，ひっ算で　しましょう。

1つ5点【30点】

① 63+7

② 84+77

③ 4+329

④ 136−90

⑤ 153−56

⑥ 592−45

 おつかれさま！　つぎは　パズルだよ。

答え ▶ 91ページ

［まほうじん］

　右の　四角の　○の　中に
1から　9の　数を　1つずつ
入れました。
　たて，よこ，ななめの　3つ
数を　それぞれ　たすと，どれ
も　15に　なっているそうです。
　これを　まほうじんと
いいます。こんな　ふしぎな
四角形を　作りましょう。

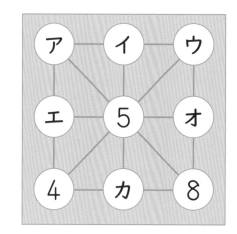

❶ 上の　まほうじんを　作りましょう。

　　⑦に　あてはまる数は 　□ 　です。

　　⑦に　あてはまる数は 　□ 　です。

　　⑦に　あてはまる数は 　□ 　です。

　　⑨に　あてはまる数は 　□ 　です。

　　⑨に　あてはまる数は 　□ 　です。

　　⑰に　あてはまる数は 　□ 　です。

わかる　ところから
うめて　いこう！

2 つぎのような まほうじんを 作りましょう。

① 11, 13, 16, 17, 19 を

ア～オに 入れましょう。

ア（　　　） イ（　　　）
ウ（　　　） エ（　　　）
オ（　　　）

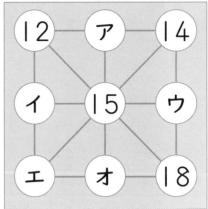

② 16, 18, 20, 21, 22 を

カ～コに 入れましょう。

カ（　　　） キ（　　　）
ク（　　　） ケ（　　　）
コ（　　　）

---

③ 31, 32, 34, 38, 39 を

サ～ソに 入れましょう。

サ（　　　） シ（　　　）
ス（　　　） セ（　　　）
ソ（　　　）

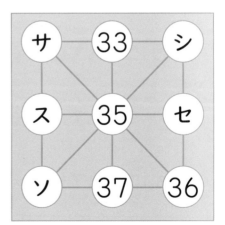

こたえ ▶ 92ページ

1 計算を しましょう。

1つ2点【48点】

① 5×2　　② 5×5

③ 5×8　　④ 5×1

⑤ 5×3　　⑥ 5×6

⑦ 2×1　　⑧ 2×3

⑨ 2×5　　⑩ 2×7

⑪ 2×4　　⑫ 2×2

⑬ 3×2　　⑭ 3×5

⑮ 3×4　　⑯ 3×1

⑰ 3×7　　⑱ 3×3

⑲ 4×3　　⑳ 4×1

㉑ 4×6　　㉒ 4×4

㉓ 4×8　　㉔ 4×5

2 計算を しましょう。

1つ2点【48点】

① 2×3

② 2×4

③ 2×1

④ 5×7

⑤ 5×9

⑥ 5×1

⑦ 4×2

⑧ 4×4

⑨ 4×9

⑩ 3×3

⑪ 3×4

⑫ 3×9

⑬ 5×8

⑭ 5×5

⑮ 5×4

⑯ 4×6

⑰ 4×7

⑱ 4×8

⑲ 2×8

⑳ 2×7

㉑ 2×2

㉒ 3×8

㉓ 3×7

㉔ 3×1

3 答えが 同じものを 線で むすびましょう。

1つ1点【4点】

2×3 •   • 2×6

3×6 •   • 3×5

5×3 •   • 2×9

4×3 •   • 3×2

九九は しっかり いえるかな。

答え ▶ 92ページ

1　計算を　しましょう。

1つ2点【48点】

① 2×5

② 2×3

③ 3×8

④ 3×5

⑤ 5×3

⑥ 5×7

⑦ 4×4

⑧ 4×1

⑨ 3×7

⑩ 3×4

⑪ 2×1

⑫ 2×8

⑬ 4×8

⑭ 4×6

⑮ 5×5

⑯ 5×6

⑰ 3×9

⑱ 3×6

⑲ 2×7

⑳ 2×9

㉑ 4×7

㉒ 4×9

㉓ 5×4

㉔ 5×9

2 計算を しましょう。

1つ1点【24点】

① 3×1　　② 5×2　　③ 2×2

④ 4×5　　⑤ 2×9　　⑥ 5×8

⑦ 5×1　　⑧ 3×2　　⑨ 4×9

⑩ 2×6　　⑪ 4×6　　⑫ 3×7

⑬ 4×3　　⑭ 2×4　　⑮ 4×4

⑯ 3×9　　⑰ 5×7　　⑱ 2×7

⑲ 5×9　　⑳ 3×3　　㉑ 5×5

㉒ 4×8　　㉓ 2×8　　㉔ 3×6

3 □に あてはまる 数を 書きましょう。

①, ②1つ2点, ③〜⑧1つ4点【28点】

① 4×□=24　　② 5×□=20

③ 2×□=18　　④ 4×□=8

⑤ □×5=15　　⑥ □×3=12

⑦ □×4=8　　⑧ □×5=20

しっかり 九九を おぼえよう。

答え ▶ 92ページ

月　　日

10分

とく点

点

1 計算を しましょう。

1つ2点【48点】

① 6×5

② 6×1

③ 6×3

④ 6×6

⑤ 6×8

⑥ 7×2

⑦ 7×5

⑧ 7×7

⑨ 7×1

⑩ 7×4

⑪ 8×2

⑫ 8×6

⑬ 8×5

⑭ 8×8

⑮ 8×1

⑯ 9×5

⑰ 9×2

⑱ 9×1

⑲ 9×9

⑳ 9×7

㉑ 1×5

㉒ 1×2

㉓ 1×8

㉔ 1×1

2 計算を しましょう。 1つ2点【48点】

① 6×2 ② 6×5 ③ 6×8

④ 9×3 ⑤ 9×8 ⑥ 9×7

⑦ 7×6 ⑧ 7×3 ⑨ 7×5

⑩ 8×4 ⑪ 1×7 ⑫ 8×5

⑬ 1×3 ⑭ 1×6 ⑮ 1×8

⑯ 9×4 ⑰ 9×6 ⑱ 9×9

⑲ 7×9 ⑳ 7×2 ㉑ 1×5

㉒ 6×4 ㉓ 6×7 ㉔ 6×9

3 答えが 同じものを 線で むすびましょう。 1つ1点【4点】

6×4 •　　　• 8×7

9×4 •　　　• 9×7

7×9 •　　　• 8×3

7×8 •　　　• 6×6

くくに なれて きたかな?

答え ▶ 93ページ

1 計算を しましょう。

1つ2点【48点】

① 6×3

② 6×1

③ 1×5

④ 1×7

⑤ 8×1

⑥ 8×5

⑦ 9×2

⑧ 9×5

⑨ 7×5

⑩ 7×1

⑪ 6×6

⑫ 6×5

⑬ 9×9

⑭ 9×1

⑮ 8×2

⑯ 8×7

⑰ 7×7

⑱ 7×9

⑲ 1×1

⑳ 1×8

㉑ 9×3

㉒ 9×7

㉓ 7×4

㉔ 7×8

2 計算を　しましょう。

1つ1点【24点】

① 9×4　　② 1×2　　③ 7×2

④ 6×2　　⑤ 8×6　　⑥ 9×9

⑦ 7×3　　⑧ 6×9　　⑨ 1×4

⑩ 8×4　　⑪ 9×8　　⑫ 6×6

⑬ 1×6　　⑭ 7×1　　⑮ 8×9

⑯ 6×4　　⑰ 8×8　　⑱ 9×8

⑲ 1×3　　⑳ 7×8　　㉑ 8×3

㉒ 9×6　　㉓ 6×7　　㉔ 1×9

3 □に　あてはまる　数を　書きましょう。

①, ②1つ2点, ③〜⑧1つ4点【28点】

① $8 \times \boxed{} = 16$　　② $7 \times \boxed{} = 35$

③ $9 \times \boxed{} = 45$　　④ $6 \times \boxed{} = 24$

⑤ $\boxed{} \times 7 = 56$　　⑥ $\boxed{} \times 9 = 63$

⑦ $\boxed{} \times 8 = 48$　　⑧ $\boxed{} \times 7 = 49$

九九は　ぜんぶ　だいじょうぶだね。

答え ▶ 93ページ

九九

九九の れんしゅう①

1 計算を しましょう。

1つ1点【24点】

① 5×5

② 5×7

③ 2×2

④ 2×6

⑤ 3×3

⑥ 3×7

⑦ 4×2

⑧ 4×9

⑨ 6×5

⑩ 6×8

⑪ 7×3

⑫ 7×5

⑬ 8×4

⑭ 8×8

⑮ 9×2

⑯ 9×9

⑰ 1×4

⑱ 1×1

⑲ 4×3

⑳ 4×8

㉑ 7×2

㉒ 7×7

㉓ 9×4

㉔ 9×8

2 計算を　しましょう。

① 3×6　　② 5×3　　③ 8×9

④ 2×8　　⑤ 7×6　　⑥ 4×1

⑦ 6×4　　⑧ 1×3　　⑨ 9×5

⑩ 3×4　　⑪ 4×6　　⑫ 2×4

⑬ 7×4　　⑭ 8×6　　⑮ 1×8

⑯ 9×3　　⑰ 6×7　　⑱ 5×4

⑲ 1×7　　⑳ 2×9　　㉑ 6×3

㉒ 5×9　　㉓ 9×7　　㉔ 3×9

㉕ 8×3　　㉖ 4×4　　㉗ 7×1

㉘ 2×7　　㉙ 6×9　　㉚ 4×5

㉛ 8×7　　㉜ 3×8　　㉝ 7×9

㉞ 9×6　　㉟ 5×6　　㊱ 1×5

㊲ 4×7　　㊳ 7×8

べんきょうに　近道は　ないよ。コツコツ　がんばろうね。

答え ▶ 93ページ

31

九九の　れんしゅう②

1 計算を　しましょう。　　　　　　　　1つ1点【24点】

① 5×4

② 1×2

③ 9×1

④ 7×5

⑤ 2×4

⑥ 6×6

⑦ 3×2

⑧ 8×1

⑨ 4×5

⑩ 2×9

⑪ 6×3

⑫ 8×9

⑬ 3×5

⑭ 5×8

⑮ 1×6

⑯ 4×9

⑰ 9×5

⑱ 7×7

⑲ 6×8

⑳ 8×8

㉑ 3×9

㉒ 4×7

㉓ 7×9

㉔ 9×8

2 計算を しましょう。

1つ2点【76点】

① 1×9　　② 4×4　　③ 5×6

④ 6×4　　⑤ 2×8　　⑥ 9×7

⑦ 8×6　　⑧ 7×3　　⑨ 3×6

⑩ 9×6　　⑪ 5×5　　⑫ 7×2

⑬ 3×8　　⑭ 2×7　　⑮ 1×5

⑯ 4×6　　⑰ 8×7　　⑱ 6×5

⑲ 7×4　　⑳ 3×4　　㉑ 2×6

㉒ 6×7　　㉓ 5×7　　㉔ 8×5

㉕ 1×4　　㉖ 9×3　　㉗ 4×3

㉘ 8×3　　㉙ 4×8　　㉚ 2×2

㉛ 3×7　　㉜ 6×9　　㉝ 1×8

㉞ 9×4　　㉟ 7×8　　㊱ 5×9

㊲ 7×6　　㊳ 8×4

九九は　かんぺきだね！

答え ▶ 94ページ

32 九九の　れんしゅう③

1 答えが　同じものを　線で　むすびましょう。　1つ2点【14点】

8×3 ・　　　　　・ 2×6

9×1 ・　　　　　・ 9×2

8×2 ・　　　　　・ 6×6

1×6 ・　　　　　・ 3×3

3×4 ・　　　　　・ 6×4

6×3 ・　　　　　・ 4×4

4×9 ・　　　　　・ 3×2

2 □に　あてはまる　数を　書きましょう。　1つ3点【18点】

① 6×9＝9×□

② 3×□＝5×3

③ 8×□＝3×8

④ 8×□＝6×8

⑤ 7×9＝9×□

⑥ 6×7＝7×□

3 □に あてはまる 数を 書きましょう。　　　　1つ3点【36点】

① $6 \times \boxed{} = 36$　　　② $3 \times \boxed{} = 9$

③ $8 \times \boxed{} = 56$　　　④ $5 \times \boxed{} = 45$

⑤ $9 \times \boxed{} = 36$　　　⑥ $7 \times \boxed{} = 42$

⑦ $\boxed{} \times 7 = 14$　　　⑧ $\boxed{} \times 8 = 40$

⑨ $\boxed{} \times 5 = 20$　　　⑩ $\boxed{} \times 9 = 72$

⑪ $\boxed{} \times 6 = 54$　　　⑫ $\boxed{} \times 4 = 28$

4 □に あてはまる 数を 書きましょう。　　　　1つ4点【32点】

① $2 \times 5 = 2 \times 4 + \boxed{}$　　　② $9 \times 3 = 9 \times 2 + \boxed{}$

③ $3 \times 8 = 3 \times 7 + \boxed{}$　　　④ $4 \times 6 = 4 \times 5 + \boxed{}$

⑤ $6 \times 5 + \boxed{} = 6 \times 6$　　　⑥ $5 \times 4 + \boxed{} = 5 \times 5$

⑦ $8 \times 4 = 8 \times \boxed{} + 8$　　　⑧ $7 \times \boxed{} = 7 \times 5 + 7$

つぎは　マス計算に　ちょうせん！

答え ▶ 94ページ

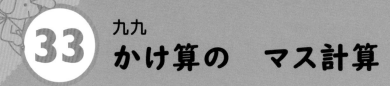

33 九九 かけ算の マス計算

月　　日
とく点
10分

点

1 81マスの かけ算の 計算を しましょう。　ぜんぶ できて【40点】

×	1	2	3	4	5	6	7	8	9
1									
2									
3									
4									
5									
6									
7									
8									
9									

| × |

ぜんぶ できて【60点】

┌─ 5 × 2

×	2	8	1	5	4	6	3	9	7
5	10↵								
2									
6									
9									
3									
8									
1									
4									
7									

マス計算は スラスラ できたかな？

答え ▶ 94ページ

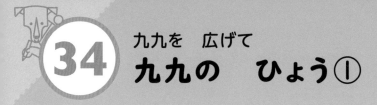

九九の　ひょう①

1 下の　九九の　ひょうの　㋐～㋣に　答えを　入れて，ひょうを　しあげましょう。

1つ2点【40点】

		かける 数								
		1	2	3	4	5	6	7	8	9
か け ら れ る 数	1	1	2	㋐	㋑	5	6	7	8	9
	2	2	㋒	6	8	10	12	14	㋓	18
	3	3	6	9	㋔	15	18	21	24	㋕
	4	4	8	12	㋖	㋗	24	28	32	36
	5	5	10	15	㋘	25	30	㋙	40	45
	6	6	12	㋚	24	30	㋛	42	48	54
	7	7	14	㋜	28	㋝	42	㋞	56	63
	8	8	16	24	32	40	㋟	56	㋠	72
	9	9	㋡	27	36	㋢	54	63	72	㋣

2 答えが　つぎの　数に　なる　九九を　書きましょう。

1つ2点【10点】

① 35 ➡ ◻︎◻︎◻︎ と ◻︎◻︎◻︎

② 16 ➡ ◻︎◻︎◻︎ と ◻︎◻︎◻︎ と ◻︎◻︎◻︎

3 下の　九九の　ひょうの　㋐〜㋣に　答えを　入れて，
ひょうを　しあげましょう。

1つ2点【40点】

		かける数								
		1	2	3	4	5	6	7	8	9
かけられる数	1	1	2	3	4	5	6	7	㋐	㋑
	2	2	4	6	8	10	12	㋒	16	㋓
	3	3	6	9	12	15	㋔	21	㋕	27
	4	4	8	12	16	20	24	㋖	32	㋗
	5	5	10	15	20	㋘	30	35	40	㋙
	6	6	12	18	24	30	㋚	42	㋛	54
	7	7	14	21	㋜	35	㋝	49	56	㋞
	8	8	16	㋟	㋠	40	48	㋡	64	72
	9	9	18	㋢	36	45	54	㋣	72	81

4 答えが　つぎの　数に　なる　九九を，ぜんぶ
書きましょう。

ぜんぶ　できて　1つ5点【10点】

① 36　（　　　　　　　　　　　　　　　　　　）

② 18　（　　　　　　　　　　　　　　　　　　）

九九の　ひょうは　かんぺき！

答え ▶ 95ページ

九九の ひょう②

1 下の ひょうは 九九の ひょうの ある ところです。□
に あてはまる 数を 書きましょう。

□1つ2点【48点】

①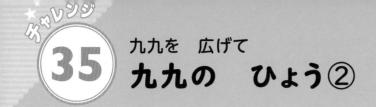

2ずつ ふえて
いるので,
2のだん。

2のだんの 下は
3のだん

4のだん

②

6のだん

「25」は,「5×5」しか ないから,
よこの れつは 5のだん。

③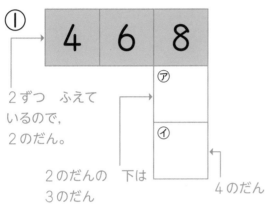

④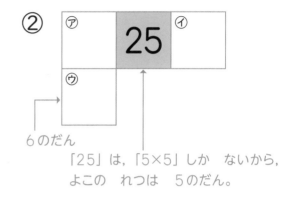

⑤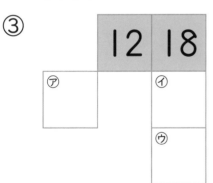

⑥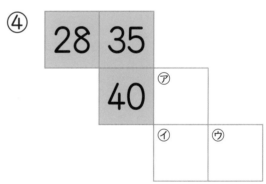

⑦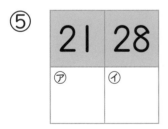

⑧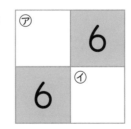

⑨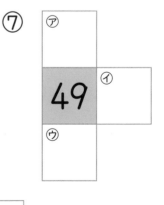

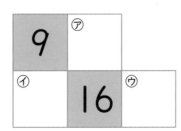

2 □に あてはまる 数を 書きましょう。　　　1つ4点【32点】

① 5×6＝5×7－□　　② 3×8＝3×9－□

③ 6×□＝6×8－6　　④ 4×□＝4×9－4

⑤ 7×4＝7×□－7　　⑥ 9×5＝9×□－9

⑦ 2×□＝8×2－2　　⑧ 8×□＝5×9－5

3 71ページの 九九の ひょうを 見て 答えましょう。

1つ5点【20点】

① 3のだんの 答えと 4のだんの 答えを たすと，□

のだんの 答えに なって いる。

② 2のだんの 答えと 6のだんの 答えを たすと，□

のだんの 答えに なって いる。

③ □のだんの 答えと 5のだんの 答えを たすと，

8のだんの 答えに なって いる。

④ 3のだんの 答えと □のだんの 答えを たすと，

9のだんの 答えに なって いる。

よくできたね！　おつかれさま！

答え ▶ 95ページ

36 九九を 広げて
九九を こえた 計算①

月　日　10分

とく点

点

1 九九を こえた 計算を します。□に あてはまる
数を 書きましょう。

1つ2点【20点】

① 4のだん

　㋐　4×8＝□

　㋑　4×9＝□

　㋒　4×10＝□

　㋓　4×11＝□

　㋔　4×12＝□

② 7のだん

　㋐　7×8＝□

　㋑　7×9＝□

　㋒　7×10＝□

　㋓　7×11＝□

　㋔　7×12＝□

2 □に あてはまる 数を 書きましょう。

1つ2点【18点】

① 11×2の 計算

　㋐　11×2＝2×□

　　として 計算する。

　㋑　2×9＝□

　㋒　2×10＝□

　㋓　2×11＝□

② 12×3の 計算

　㋐　12×3＝3×□

　　として 計算する。

　㋑　3×9＝□

　㋒　3×10＝□

　㋓　3×11＝□

　㋔　3×12＝□

3 計算を しましょう。

① 5×10 ② 8×11

③ 6×12 ④ 2×11

⑤ 9×10 ⑥ 3×12

⑦ 4×11 ⑧ 7×10

⑨ 3×10 ⑩ 6×11

⑪ 2×12 ⑫ 5×12

⑬ 8×12 ⑭ 9×11

4 計算を しましょう。

① 10×4 ② 11×7

③ 10×6 ④ 11×3

⑤ 12×7 ⑥ 10×2

⑦ 11×5 ⑧ 12×9

⑨ 10×8 ⑩ 12×4

かける数が 2けたでも だいじょうぶ！

答え ▶ 95ページ

九九を こえた 計算②

月　　日　　**15**分
とく点
　　　　　　　点

1 計算を しましょう。

1つ5点【20点】

① 3 × 13 = ☐

九九が つかえるように，13を 2つに
分けて もとめる。

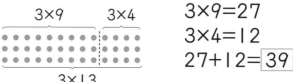

3×9=27
3×4=12
27+12=39

② 2 × 12 = ☐

③ 4 × 13 = ☐

④ 5 × 11 = ☐

2 計算を しましょう。

1つ4点【12点】

① 12 × 4 = ☐

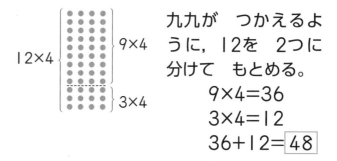

九九が つかえるよ
うに，12を 2つに
分けて もとめる。
9×4=36
3×4=12
36+12=48

② 13 × 5 = ☐

③ 12 × 6 = ☐

77

3 計算を しましょう。 1つ4点【36点】

① 4×11 ② 6×14

③ 2×13 ④ 3×15

⑤ 5×14 ⑥ 4×16

⑦ 7×13 ⑧ 9×12

⑨ 8×13

4 計算を しましょう。 1つ4点【32点】

① 12×3 ② 11×6

③ 12×5 ④ 15×2

⑤ 13×3 ⑥ 16×7

⑦ 15×4 ⑧ 14×9

かけられる数が 2けたの 計算も できたね。

答え ▶ 96ページ

九九の ひょうを 広げて

1 下の ひょうは，九九の ひょうを 広げた ものです。□ に 数を 書きましょう。

1つ5点【30点】

		かける 数											
		1	2	3	4	5	6	7	8	9	10	11	12
か													
け	8	8	16	24	32	40	48	56	64	72	80	88	96
ら	9	9	18	27	36	45	54	63	72	81	90	99	108
れ	10	10	20	30	40	50	60	70	80	90	⑦	④	⑦
る	11	11	22	33	44	55	66	77	88	99			
数	12	12	24	36	48	60	72	84	96	108	㋓	㋔	

① ⑦，④，⑦に 入る 数を もとめましょう。

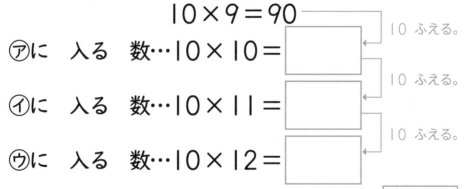

$$10 \times 9 = 90$$

⑦に 入る 数…$10 \times 10 = $ ☐   10 ふえる。

④に 入る 数…$10 \times 11 = $ ☐   10 ふえる。

⑦に 入る 数…$10 \times 12 = $ ☐   10 ふえる。

② ㋓に 入る 数は，$12 \times 10 = 10 \times $ ☐

だから， ☐ です。

③ ㋔に 入る 数は，12×10より ☐ 大きい。

2 下の ひょうは, 九九の ひょうを 広げた ものです。⑦
〜⑰に あてはまる 数を 書いて, ひょうを かんせいさせ
ましょう。

1つ5点【45点】

		かける数											
		1	2	3	4	5	6	7	8	9	10	11	12
かけられる数	1	1	2	3	4	5	6	7	8	9	10	11	12
	2	2	4	6	8	10	12	14	16	18	20	22	24
	3	3	6	9	12	15	18	21	24	27	30	33	36
	4	4	8	12	16	20	24	28	32	36	40	44	48
	5	5	10	15	20	25	30	35	40	45	50	55	60
	6	6	12	18	24	30	36	42	48	54	60	66	72
	7	7	14	21	28	35	42	49	56	63	70	77	84
	8	8	16	24	32	40	48	56	64	72	80	88	96
	9	9	18	27	36	45	54	63	72	81	90	99	108
	10	10	20	30	40	50	60	70	80	90	⑦	④	⑦
	11	11	22	33	44	55	66	77	88	99	④	④	⑦
	12	12	24	36	48	60	72	84	96	108	④	④	⑦

3 計算を しましょう。

1つ5点【25点】

① 10×13　　　　② 10×14

③ 11×13　　　　④ 12×13

⑤ 13×10

よく できたね！ さいごは まとめテストだよ！

答え ▶ 96ページ

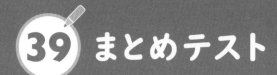

名前

月　日　15分

とく点　　点

1 計算を しましょう。　　　　　　　　　　1つ1点【10点】

① 65＋8

② 26＋43

③ 31－7

④ 78－26

⑤ 310＋40

⑥ 600＋400

⑦ 650－30

⑧ 700－200

⑨ 500＋800

⑩ 1000－300

2 計算を しましょう。　　　　　　　　　　1つ2点【40点】

①
```
  27
+61
```

②
```
  39
+43
```

③
```
  83
+  7
```

④
```
   6
+59
```

⑤
```
  67
-34
```

⑥
```
  52
-18
```

⑦
```
  76
-  9
```

⑧
```
  45
-27
```

⑨
```
  74
+50
```

⑩
```
  87
+64
```

⑪
```
  97
+  8
```

⑫
```
 315
+ 73
```

⑬
```
 154
- 89
```

⑭
```
 103
-   5
```

⑮
```
 128
-  45
```

⑯
```
 849
-  26
```

⑰
```
 626
+  57
```

⑱
```
  58
+432
```

⑲
```
 572
- 67
```

⑳
```
 485
-   9
```

3 くふうして 計算しましょう。 1つ2点【8点】

① 15＋37＋23　　② 18＋32＋49

③ 69－19－34　　④ 51－12－28

4 □の 中に, ひっ算で しましょう。 1つ3点【12点】

① 6＋94　② 56＋87　③ 181－86　④ 697－38

5 計算を しましょう。 1つ1点【30点】

① 2×8　　② 6×4　　③ 3×9

④ 7×3　　⑤ 4×8　　⑥ 8×6

⑦ 1×6　　⑧ 9×4　　⑨ 5×3

⑩ 6×7　　⑪ 2×7　　⑫ 8×7

⑬ 4×3　　⑭ 3×7　　⑮ 9×8

⑯ 5×7　　⑰ 6×8　　⑱ 7×6

⑲ 3×8　　⑳ 5×9　　㉑ 4×7

㉒ 8×4　　㉓ 7×4　　㉔ 1×4

㉕ 9×7　　㉖ 8×3　　㉗ 2×9

㉘ 6×11　　㉙ 3×12　　㉚ 10×8

答え ▶ 96ページ

答えとアドバイス

おうちの方へ

▶まちがえた問題は，何度も練習させましょう。

▶ ✏️アドバイス も参考に，お子さまに指導してあげてください。

---

1 たし算と ひき算 5~6ページ

1 ①20 ②40 ③60 ④51
⑤22 ⑥71 ⑦86 ⑧72
⑨63 ⑩89 ⑪86 ⑫78

2 ①27 ②55 ③31 ④77
⑤14 ⑥46 ⑦13 ⑧38
⑨58 ⑩25 ⑪54 ⑫12

3 ①93 ②30 ③63 ④97
⑤26 ⑥22 ⑦73 ⑧38
⑨43 ⑩89 ⑪62 ⑫89
⑬16 ⑭21 ⑮44 ⑯28
⑰50 ⑱76 ⑲95 ⑳94
㉑16 ㉒56 ㉓26 ㉔68
㉕54 ㉖22

---

2 たし算の ひっ算① 7~8ページ

1 ①57 ②78 ③85 ④69
⑤64 ⑥46 ⑦70 ⑧98
⑨48 ⑩67 ⑪76 ⑫59
⑬63 ⑭44 ⑮72 ⑯56
⑰50 ⑱40 ⑲80 ⑳80
㉑31 ㉒65 ㉓50 ㉔80

2 ①66 ②52 ③85 ④80
⑤63 ⑥95 ⑦75 ⑧74
⑨58 ⑩90 ⑪61 ⑫80
⑬75 ⑭62 ⑮70 ⑯87
⑰49 ⑱80 ⑲83 ⑳93

3 ① 50   ② 29   ③   7
    ＋ 2   ＋35   ＋47
    ─────   ─────   ─────
      52   64   54

✏️アドバイス　くり上がりがあるときは，くり上がりの1を小さく書き，忘れずにたすように注意させましょう。

3の② 　　　1 ←──くり上げた 1
　　　　　　 29
　　　　　＋35
　　　　　─────
　　　　　　 64

---

3 ひき算の ひっ算① 9~10ページ

1 ①23 ②13 ③52 ④25
⑤43 ⑥30 ⑦50 ⑧2
⑨31 ⑩65 ⑪80 ⑫90
⑬24 ⑭35 ⑮21 ⑯55
⑰8 ⑱9 ⑲2 ⑳6
㉑43 ㉒16 ㉓33 ㉔78

2 ①32 ②14 ③48 ④5
⑤64 ⑥14 ⑦74 ⑧30
⑨42 ⑩49 ⑪47 ⑫56
⑬71 ⑭8 ⑮50 ⑯36
⑰27 ⑱69 ⑲59 ⑳7

3 ① 69   ② 75   ③ 53
    － 3   －37   － 6
    ─────   ─────   ─────
      66   38   47

✏️アドバイス　くり下がりがあるときは，くり下げたあとの数を小さく書くように導き，その数からひくように注意させましょう。

3の② 　　　6 ←──1　くり下げた
　　　　　　 7̸5
　　　　　－37
　　　　　─────
　　　　　　 38

4 たし算と ひき算の ひっ算① 11~12ページ

1 ①59 ②75 ③90 ④73
　　⑤27 ⑥64 ⑦56 ⑧46

2 ①95 ②70 ③75 ④59
　　⑤72 ⑥86 ⑦77 ⑧94
　　⑨60 ⑩23 ⑪65 ⑫62
　　⑬48 ⑭8 ⑮23 ⑯73

3 ①90 ②60 ③50 ④35
　　⑤54 ⑥4 ⑦78 ⑧76
　　⑨82 ⑩70 ⑪37 ⑫5
　　⑬89 ⑭62 ⑮85 ⑯62
　　⑰48 ⑱4 ⑲70 ⑳93

4
①
```
    7
  +49
   56
```
②
```
   60
  - 3
   57
```
③
```
   91
  -26
   65
```

🖊**アドバイス**　たし算とひき算が混じっていることに注意させましょう。

5 たし算と ひき算の ひっ算② 13~14ページ

1 ①59 ②69 ③62 ④80
　　⑤22 ⑥35 ⑦17 ⑧15
　　⑨58 ⑩80 ⑪83 ⑫96
　　⑬7 ⑭90 ⑮42 ⑯30
　　⑰59 ⑱90 ⑲74 ⑳56
　　㉑72 ㉒16 ㉓67 ㉔37

2 ①46 ②48 ③22 ④53
　　⑤78 ⑥8 ⑦70 ⑧56
　　⑨82 ⑩76 ⑪38

3
①
```
   73
  +24
   97
```
②
```
   18
  +48
   66
```
③
```
    7
  +65
   72
```
④
```
   44
  -34
   10
```
⑤
```
   51
  -27
   24
```
⑥
```
   33
  - 9
   24
```

6 たし算と ひき算の ひっ算③ 15~16ページ

1 ①6 ②4 ③9
　　④5 ⑤5 ⑥9

2
①
```
   41
  +16
   57
```
②
```
   54
  +29
   83
```
③
```
  [1]5
  +35
   50
```
④
```
   86
  -12
   74
```
⑤
```
   52
  -39
   13
```
⑥
```
  [6]0
  -37
   23
```

3 ①8 ②9 ③26
　　④14 ⑤60 ⑥74

4
①
```
  [7]2
  +14
   86
```
②
```
   2[4]
  +36
   60
```
③
```
   39
  +[1]6
   55
```
④
```
  [3]5
  +57
   92
```
⑤
```
   95
  -25
   70
```
⑥
```
   70
  -29
   4[1]
```
⑦
```
   8[3]
  -58
   [2]5
```
⑧
```
   90
  -46
   44
```
⑨
```
   7[4]
  -68
    6
```

🖊**アドバイス**　□に数をあてはめたら，もう一度計算して，答えと合うかどうか確かめさせましょう。

　なお，**3**の⑤，⑥は次の「ひき算の答えの確かめ」が使えます。

　| 答え | ＋ | ひく数 | ＝ | ひかれる数 |

　⑤ 52+8=□　⑥ 44+30=□
と，たし算の式にして求められることを理解させてください。

　4の⑥は，
・0から9はひけないから，十の位から1くり下げて，10から9をひく。
・7から1くり下げたので，7は6になる。
・6-□=4の□にあてはまる数は。
のように考えることも重要です。

1　①110　②140
　　③130　④130
　　⑤120　⑥110
　　⑦150　⑧120
　　⑨130　⑩140
　　⑪120　⑫170

2　①90　②80
　　③80　④90
　　⑤50　⑥80
　　⑦60　⑧70
　　⑨70　⑩90
　　⑪70　⑫80

3　①120　②120
　　③120　④110
　　⑤90　⑥50
　　⑦90　⑧60
　　⑨160　⑩110
　　⑪110　⑫130
　　⑬20　⑭80
　　⑮90　⑯40
　　⑰130　⑱170
　　⑲120　⑳150
　　㉑90　㉒70
　　㉓90　㉔70
　　㉕150　㉖60

❷アドバイス

1の①　$70 + 40 = 110$

10が7個	10が4個	10が(7+4)で11個

2の①　$150 - 60 = 90$

10が15個	10が6個	10が(15-6)で9個

1　①280　②960
　　③570　④360
　　⑤670　⑥490
　　⑦850　⑧780
　　⑨302　⑩250
　　⑪480　⑫504

2　①560　②230
　　③810　④610
　　⑤570　⑥340
　　⑦720　⑧450
　　⑨440　⑩920
　　⑪220　⑫810

3　①490　②290
　　③850　④370
　　⑤240　⑥460
　　⑦920　⑧530
　　⑨370　⑩590
　　⑪908　⑫790
　　⑬610　⑭330
　　⑮210　⑯540
　　⑰940　⑱490
　　⑲640　⑳290
　　㉑450　㉒720
　　㉓370　㉔820
　　㉕590　㉖720

❷アドバイス　**1**の①

　250を200と50に分けて,
　　50+30=80, 200+80=280

2の①

　570を500と70に分けて,
　　70-10=60, 500+60=560

3も, くり上がり, くり下がりはないので, **1**, **2**と同様に考えさせます。

⑨ 何百の　計算

1 ①700　　②500
③600　　④900
⑤800　　⑥900
⑦1000　　⑧1000
⑨1500　　⑩1100
⑪1200　　⑫1200
⑬1200　　⑭1300

2 ①400　　②300
③200　　④500
⑤500　　⑥200
⑦600　　⑧300
⑨100　　⑩700

3 ①800　　②800
③1000　　④1200
⑤500　　⑥200
⑦1800　　⑧700
⑨800　　⑩100
⑪400　　⑫1100
⑬1200　　⑭1000
⑮100　　⑯500
⑰400　　⑱1500
⑲200　　⑳300
㉑1000　　㉒900
㉓1100　　㉔1000
㉕400　　㉖300

●アドバイス　**1**～**3**はすべて100をもとにして考えさせましょう。また，100が10個で，1000（千）となることも確認してください。

1の①
・100が（1+6）で7個
・100が7個で700

⑩ 何千の　計算

1 ①9000　　②800

2 ①6000　　②5000
③4000　　④7000
⑤5000　　⑥5000
⑦500　　⑧900

3 ①1300　　②2000
③2100　　④2500
⑤2300　　⑥800
⑦900　　⑧600
⑨700　　⑩500

4 ①6000　　②5000
③9000　　④7000
⑤9000　　⑥8000
⑦10000　　⑧5000
⑨4000　　⑩1000
⑪7000　　⑫4000
⑬2000　　⑭3000

●アドバイス　**2**の①～⑥と**4**は，1000が何個かを考えれば，簡単な計算で求められることに気づかせてください。

4の⑦
・1000が（6+4）で10個
・1000が10個で10000
　桁が大きくなっても，考え方は100をもとにした計算の考え方と同じであることを強調してください。
　また，1000が10個で10000（一万）になることも確認してください。
　なお，ここで扱う計算は，生活の中でも活用されます。最終的には暗算でできるようになるとよいでしょう。

⑨177	⑩104	⑪170	⑫122
⑬147	⑭100	⑮125	⑯105
⑰110	⑱100	⑲155	⑳104

3

```
①  84      ②  48      ③   4
  +24        +76        +99
  108        124        103
```

📢アドバイス 2回くり上がりのある
計算もあり，特に間違えやすいところ
です。くり上げた1を小さく書くよう
に習慣づけさせましょう。

1の⑨

```
    59  ←── くり上げた1を
  +92     小さく書いて
  151     おく。
```

---

⑬ ひき算の ひっ算② 29~30ページ

1

①41	②33	③56	④72
⑤55	⑥60	⑦90	⑧18
⑨53	⑩53	⑪49	⑫76
⑬66	⑭94	⑮98	⑯92
⑰45	⑱67	⑲14	⑳79
㉑95	㉒92	㉓94	㉔97

2

①80	②48	③85	④69
⑤84	⑥41	⑦53	⑧76
⑨58	⑩84	⑪65	⑫95
⑬53	⑭98	⑮28	⑯37
⑰89	⑱97	⑲92	⑳7

3

```
①  143     ②  117     ③  107
  - 53       - 58       -   8
    90         59         99
```

📢アドバイス 2の⑨では，くり下が
りのしくみをよく考えて，
左のように書いて計算すれ
ばよいことを理解させまし
ょう。

```
    9
   ⁹⁄₁₀
  1⁄0 6
  - 48
    58
```

---

⑪ 大きな 数の 計算 25~26ページ

1

①270	②110
③800	④190
⑤1000	⑥603
⑦500	⑧760
⑨110	⑩1200
⑪1600	⑫130

2

①50	②910	③200
④80	⑤300	⑥820
⑦500	⑧600	⑨80
⑩620	⑪410	⑫70

3

①900	②130
③380	④880
⑤80	⑥510
⑦210	⑧100
⑨110	⑩1300
⑪700	⑫860
⑬300	⑭330
⑮90	⑯100
⑰490	⑱300
⑲1000	⑳140
㉑80	㉒740
㉓400	㉔70
㉕107	㉖500

---

⑫ たし算の ひっ算② 27~28ページ

1

①136	②116	③109	④165
⑤136	⑥123	⑦150	⑧109
⑨151	⑩133	⑪162	⑫116
⑬124	⑭140	⑮194	⑯120
⑰101	⑱102	⑲102	⑳100
㉑102	㉒104	㉓104	㉔100

2

①117	②125	③103	④141
⑤140	⑥157	⑦102	⑧108

⑭ 3つの 数の 計算 　31~32ページ

1 ①57　②96　③81
④136　⑤153　⑥121

2 ①39　　②88
③45　　④89
⑤88　　⑥107
⑦158　　⑧159
⑨54　　⑩83
⑪125　　⑫142

3
①　26
　　73
　＋18
　 117

②　95
　　40
　＋12
　 147

③　49
　　36
　＋57
　 142

4 ①47　　②159
③99　　④87
⑤62　　⑥141
⑦79　　⑧134
⑨98　　⑩106
⑪175　　⑫117
⑬164

🔔アドバイス 「たし算では，たす順序をかえても，答えは同じになる」ことを確認しましょう。

下のように□□を先に計算して何十や百とすると，計算が簡単になることに気づかせましょう。

2のたし算では，たす順序を変えて計算します。
① 29+3+7=29+ 3+7
=29+10=39
③ 5+9+31=5+ 9+31
=5+40=45
⑤ 17+68+3= 17+3 +68
=20+68=88
⑦ 58+26+74=58+ 26+74

=58+100=158
⑧ 62+59+38= 62+38 +59
=100+59=159
⑫ 15+35 +92=50+92=142

⑮ たし算と ひき算の ひっ算④ 　33~34ページ

1 ①146 ②120 ③135 ④165
⑤101 ⑥136 ⑦172 ⑧103
⑨183 ⑩100 ⑪169 ⑫156

2 ①55　②87　③94　④74
⑤56　⑥80　⑦56　⑧38
⑨54　⑩94　⑪98　⑫92

3 ①147 ②120 ③77　④53
⑤47　⑥66　⑦112 ⑧163
⑨110 ⑩105 ⑪38

4
①　48
　＋65
　 113

②　96
　＋ 7
　 103

③　140
　－ 84
　　 56

④　123
　－ 26
　　 97

⑤　100
　－ 3
　　 97

⑥　8
　＋94
　 102

⑯ たし算と ひき算の ひっ算⑤ 　35~36ページ

1 ①147 ②127 ③167 ④120
⑤80　⑥35　⑦26　⑧83
⑨161 ⑩118 ⑪143 ⑫101
⑬67　⑭51　⑮96　⑯98
⑰109 ⑱100 ⑲51　⑳58

2 ①97　②78　③46　④121

3 ①123 ②129 ③97　④37
⑤79　⑥95　⑦109 ⑧122
⑨140 ⑩157 ⑪20　⑫25

4
①　98
　＋ 8
　 106

②　111
　－ 25
　　 86

③　103
　－ 6
　　 97

5 ①109 ②94　③96　④102
⑤134

1
① 92＋45＝137
② 55＋78＝133
③ 57＋83＝140
④ 46＋56＝102
⑤ 38＋86＝124
⑥ 89＋56＝145

2
① 128－94＝34
② 142－97＝45
③ 179－98＝81
④ 102－34＝68

3
① 70＋66＝136
② 66＋59＝125
③ 94＋8＝102
④ 35＋88＝123
⑤ 94＋57＝151
⑥ 87＋76＝163

4
① 135－82＝53
② 115－48＝67
③ 140－48＝92
④ 103－78＝25

◆アドバイス いわゆる虫食い算の問題です。少し時間がかかるかもしれませんが，じっくり考え，納得するまで取り組ませてよい問題です。

4の②

一の位で，5－□＝7にするには，十の位から１くり下げて，

15－□＝7 → □＝8

ひかれる数の十の位は0となりますが，0－4＝□は計算できないので，百の位から１くり下げて，

10－4＝□ → □＝6

1 ①98 ②15 ③99 ④98
⑤133 ⑥69 ⑦45 ⑧65

2 ①26 ②61 ③21 ④64
⑤102 ⑥59

3 ①99 ②98 ③96 ④95
⑤98 ⑥88 ⑦25 ⑧55
⑨32 ⑩76

4 ①60 ②66 ③83 ④90
⑤130 ⑥60 ⑦133 ⑧40
⑨50 ⑩50

◆アドバイス **1**の③は，**1**の①，②で示したように，ひく数の4を3と1に分解することで計算しやすくします。いろいろな考え方がありますので，お子さまと話し合いながら，その方法を一緒に考えてあげてください。

2①～③，**4**①，②，⑤～⑩は，2つのひく数をまとめるひき算のパターンです。

例えば，**2**の①ではひく数8と2をまとめると，

8＋2＝10

だから，36－8－2を36－10として，答え26を求めればよいです。

④では，121－21を先に計算して，100を求めて，次に，100－36として，答え64を求めればよいです。

⑲ 3けたの 数の たし算 41~42ページ

1 ①468 ②768 ③564 ④397
⑤678 ⑥877 ⑦280 ⑧996
⑨274 ⑩643 ⑪374 ⑫933
⑬654 ⑭293 ⑮981 ⑯294
⑰853 ⑱650 ⑲640 ⑳262
㉑563 ㉒882 ㉓880 ㉔541

2 ①369 ②395 ③871 ④731
⑤180 ⑥381 ⑦198 ⑧762
⑨541 ⑩688 ⑪476 ⑫414
⑬859 ⑭194 ⑮485 ⑯759
⑰582 ⑱559 ⑲797 ⑳367

3
```
①  252    ②  436    ③    3
  + 43      + 19      +728
   295       455       731
```

♪アドバイス 一の位の計算でくり上がりがあるときは，十の位の計算で，くり上げた1をたすことを忘れないように注意させましょう。

⑳ 3けたの 数の ひき算 43~44ページ

1 ①252 ②421 ③773 ④322
⑤673 ⑥563 ⑦944 ⑧811
⑨349 ⑩136 ⑪207 ⑫518
⑬825 ⑭409 ⑮746 ⑯669
⑰519 ⑱702 ⑲338 ⑳226
㉑805 ㉒428 ㉓968 ㉔677

2 ①831 ②519 ③806 ④713
⑤364 ⑥913 ⑦488 ⑧249
⑨458 ⑩707 ⑪321 ⑫636
⑬602 ⑭929 ⑮159 ⑯211
⑰212 ⑱857 ⑲464 ⑳506

3
```
①  576    ②  753    ③  651
  - 52      - 49      -  7
   524       704       644
```

♪アドバイス くり下がりのある計算では，くり下げたあとの数を小さく書いておくようにすると間違いが少なくなることを改めて指導しましょう。

1の⑨
```
    6←──くり下げたので，
  3 7̸ 5   小さく6と書いて
 -  2 6   おくよう注意させます。
    3 4 9
```
6-2=4 ─┘ └─ 十の位から1くり下げて，
15-6=9

㉑ 3けたの 数の たし算と ひき算① 45~46ページ

1 ①295 ②383 ③291 ④184
⑤409 ⑥217 ⑦633 ⑧350
⑨291 ⑩495 ⑪392 ⑫182
⑬259 ⑭114 ⑮416 ⑯329
⑰318 ⑱411 ⑲502 ⑳708
㉑260 ㉒49 ㉓560 ㉔707

2 ①454　　　②341
③548　　　④39
⑤87　　　⑥424

3 ①294 ②371 ③492 ④390
⑤225 ⑥313 ⑦404 ⑧246
⑨258 ⑩207 ⑪270 ⑫310
⑬882 ⑭256 ⑮576 ⑯209
⑰308 ⑱792 ⑲98　⑳385

♪アドバイス **2**が理解しにい場合は，次のように説明してもよいでしょう。たとえば，④がわかりにくかったら，「ひき算の答えの確かめ」である

　答え ＋ ひく数 ＝ ひかれる数

を用いて，
　99+□=138
とし，ある数□は
　138-99
で求められることを導きましょう。

㉒ 3けたの 数の たし算と ひき算② 47~48ページ

① ①352 ②912 ③716
④815 ⑤473 ⑥340
⑦802 ⑧701 ⑨900

② ①278 ②686 ③337
④449 ⑤879 ⑥179

③ ①512 ②484 ③567 ④753
⑤249 ⑥137 ⑦620 ⑧831
⑨502 ⑩355 ⑪453 ⑫679
⑬395 ⑭788 ⑮425 ⑯522
⑰950 ⑱700 ⑲879 ⑳595

④
①
```
   79
+254
 333
```
②
```
 521
- 69
 452
```

⚫アドバイス くり上がりやくり下がりが2回続くときは，十の位，百の位の計算に注意させましょう。

1の②
```
    69
+ 843
  912
```
←くり上がりが2回
1+6+4=11 百の位に1くり上げる。
9+3=12 十の位に1くり上げる。

3の③
```
  623
-  56
  567
```
←くり下がりが2回
百の位から1くり下げて 11-5=6
十の位から1くり下げて 13-6=7

㉓ ひっ算の れんしゅう① 49~50ページ

① ①129 ②105 ③128 ④143
⑤104 ⑥113 ⑦299 ⑧628
⑨580 ⑩463 ⑪891 ⑫813
⑬451 ⑭75 ⑮74 ⑯60
⑰46 ⑱97 ⑲69 ⑳713
㉑336 ㉒809 ㉓635 ㉔235

② ①108 ②767 ③70 ④444
⑤36 ⑥536 ⑦198 ⑧140
⑨150 ⑩590 ⑪23

③
①
```
  27
+85
 112
```
②
```
  38
+940
 978
```
③
```
 705
+ 68
 773
```
④
```
 194
- 98
  96
```
⑤
```
 368
- 53
 315
```
⑥
```
 850
- 32
 818
```

⚫アドバイス いろいろなたし算やひき算の筆算が混じっています。くり上がりやくり下がりのあるなしに注意させましょう。

㉔ ひっ算の れんしゅう② 51~52ページ

① ①86 ②97 ③64 ④76
⑤24 ⑥55 ⑦51 ⑧76
⑨136 ⑩128 ⑪103 ⑫160
⑬81 ⑭50 ⑮16 ⑯52
⑰579 ⑱376 ⑲772 ⑳211
㉑314 ㉒800 ㉓414 ㉔206

② ①80 ②579 ③58 ④53
⑤323 ⑥47 ⑦149 ⑧110
⑨651 ⑩68 ⑪714

③
①
```
  63
+ 7
  70
```
②
```
  84
+77
 161
```
③
```
   4
+329
 333
```
④
```
 136
- 90
  46
```
⑤
```
 153
- 56
  97
```
⑥
```
 592
- 45
 547
```

91

25 算数 パズル 53~54ページ

❶ ㋐2 ㋑7 ㋒6
　 ㋓9 ㋔1 ㋕3

❷① ㋐19 ㋑17 ㋒13
　　 ㋓16 ㋔11
　② ㋕21 ㋖16 ㋗22
　　 ㋘20 ㋙18
　③ ㋚34 ㋛38 ㋜39
　　 ㋝31 ㋞32

アドバイス

❶では，㋐，㋒，㋕が
はじめに求められることに気づかせ，
その後，㋑，㋓，㋔を求めさせます。
❷の①では，3個の数をたすと，
12+15+18=45
㋐，㋒，㋓をはじめに求めさせます。

26 5，2，3，4のだんの　九九① 55~56ページ

1 ①10 ②25
③40 ④5
⑤15 ⑥30
⑦2 ⑧6
⑨10 ⑩14
⑪8 ⑫4
⑬6 ⑭15
⑮12 ⑯3
⑰21 ⑱9
⑲12 ⑳4
㉑24 ㉒16
㉓32 ㉔20

2 ①6 ②8 ③2
④35 ⑤45 ⑥5
⑦8 ⑧16 ⑨36
⑩9 ⑪12 ⑫27
⑬40 ⑭25 ⑮20

⑯24 ⑰28 ⑱32
⑲16 ⑳14 ㉑4
㉒24 ㉓21 ㉔3

3

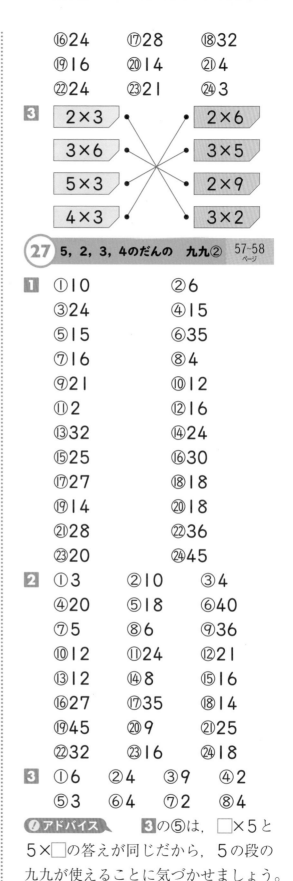

27 5，2，3，4のだんの　九九② 57~58ページ

1 ①10 ②6
③24 ④15
⑤15 ⑥35
⑦16 ⑧4
⑨21 ⑩12
⑪2 ⑫16
⑬32 ⑭24
⑮25 ⑯30
⑰27 ⑱18
⑲14 ⑳18
㉑28 ㉒36
㉓20 ㉔45

2 ①3 ②10 ③4
④20 ⑤18 ⑥40
⑦5 ⑧6 ⑨36
⑩12 ⑪24 ⑫21
⑬12 ⑭8 ⑮16
⑯27 ⑰35 ⑱14
⑲45 ⑳9 ㉑25
㉒32 ㉓16 ㉔18

3 ①6 ②4 ③9 ④2
⑤3 ⑥4 ⑦2 ⑧4

アドバイス

3の⑤は，□×5と
5×□の答えが同じだから，5の段の
九九が使えることに気づかせましょう。

28

6，7，8，9，1のだんの　九九① 59~60ページ

1 ①30 ②6 ③18 ④36
⑤48 ⑥14 ⑦35 ⑧49
⑨7 ⑩28 ⑪16 ⑫48
⑬40 ⑭64 ⑮8 ⑯45
⑰18 ⑱9 ⑲81 ⑳63
㉑5 ㉒2 ㉓8 ㉔1

2 ①12 ②30 ③48
④27 ⑤72 ⑥63
⑦42 ⑧21 ⑨35
⑩32 ⑪7 ⑫40
⑬3 ⑭6 ⑮8
⑯36 ⑰54 ⑱81
⑲63 ⑳14 ㉑5
㉒24 ㉓42 ㉔54

3
6×4	———	8×7
9×4	———	9×7
7×9	———	8×3
7×8	———	6×6

(6×4—8×3, 9×4—6×6, 7×9—9×7, 7×8—8×7)

6，7，8，9，1のだんの　九九② 61~62ページ

1 ①18 ②6 ③5 ④7
⑤8 ⑥40 ⑦18 ⑧45
⑨35 ⑩7 ⑪36 ⑫30
⑬81 ⑭9 ⑮16 ⑯56
⑰49 ⑱63 ⑲1 ⑳8
㉑27 ㉒63 ㉓28 ㉔56

2 ①36 ②2 ③14
④12 ⑤48 ⑥81
⑦21 ⑧54 ⑨4
⑩32 ⑪72 ⑫36
⑬6 ⑭7 ⑮72
⑯24 ⑰64 ⑱72

⑲3 ⑳56 ㉑24
㉒54 ㉓42 ㉔9

3 ①2 ②5 ③5 ④4
⑤8 ⑥7 ⑦6 ⑧7

！アドバイス 3⑤~⑧では，何の段の九九が使えるか考えさせます。

30

九九の　れんしゅう① 63~64ページ

1 ①25 ②35 ③4 ④12
⑤9 ⑥21 ⑦8 ⑧36
⑨30 ⑩48 ⑪21 ⑫35
⑬32 ⑭64 ⑮18 ⑯81
⑰4 ⑱1 ⑲12 ⑳32
㉑14 ㉒49 ㉓36 ㉔72

2 ①18 ②15 ③72
④16 ⑤42 ⑥4
⑦24 ⑧3 ⑨45
⑩12 ⑪24 ⑫8
⑬28 ⑭48 ⑮8
⑯27 ⑰42 ⑱20
⑲7 ⑳18 ㉑18
㉒45 ㉓63 ㉔27
㉕24 ㉖16 ㉗7
㉘14 ㉙54 ㉚20
㉛56 ㉜24 ㉝63
㉞54 ㉟30 ㊱5
㊲28 ㊳56

！アドバイス かけ算は，たし算・ひき算とともに，実生活や今後の学習になくてはならないものです。

特に九九は重要です。無理なく自然に，1の段から9の段まで，何も見ないで唱えることができるようさせましょう。

31 九九の れんしゅう② 65~66ページ

1
①20 ②2 ③9 ④35
⑤8 ⑥36 ⑦6 ⑧8
⑨20 ⑩18 ⑪18 ⑫72
⑬15 ⑭40 ⑮6 ⑯36
⑰45 ⑱49 ⑲48 ⑳64
㉑27 ㉒28 ㉓63 ㉔72

2
①9 ②16 ③30
④24 ⑤16 ⑥63
⑦48 ⑧21 ⑨18
⑩54 ⑪25 ⑫14
⑬24 ⑭14 ⑮5
⑯24 ⑰56 ⑱30
⑲28 ⑳12 ㉑12
㉒42 ㉓35 ㉔40
㉕4 ㉖27 ㉗12
㉘24 ㉙32 ㉚4
㉛21 ㉜54 ㉝8
㉞36 ㉟56 ㊱45
㊲42 ㊳32

32 九九の れんしゅう③ 67~68ページ

1
8×3 — 6×4
9×1 — 9×2
8×2 — 4×4
1×6 — 6×6
3×4 — 3×2
6×3 — 2×6
4×9 — 3×3

2
①6 ②5 ③3 ④6
⑤7 ⑥6

3
①6 ②3 ③7 ④9
⑤4 ⑥6 ⑦2 ⑧5

⑨4 ⑩8 ⑪9 ⑫7

4
①2 ②9 ③3 ④4
⑤6 ⑥5 ⑦3 ⑧6

●アドバイス **4**は，かけ算のきまり「かける数が1増えると，答えはかけられる数だけ増える」を使うことに気づかせます。⑥は，
・5×4+□が5×5と同じ答えである
・かける数4が5に1増えている
ことに注意を向けさせて，□に当てはまる数はかけられる数5であることを導きましょう。

33 かけ算の マス計算 69~70ページ

1

×	1	2	3	4	5	6	7	8	9
1	1	2	3	4	5	6	7	8	9
2	2	4	6	8	10	12	14	16	18
3	3	6	9	12	15	18	21	24	27
4	4	8	12	16	20	24	28	32	36
5	5	10	15	20	25	30	35	40	45
6	6	12	18	24	30	36	42	48	54
7	7	14	21	28	35	42	49	56	63
8	8	16	24	32	40	48	56	64	72
9	9	18	27	36	45	54	63	72	81

2

×	2	8	1	5	4	6	3	9	7
5	10	40	5	25	20	30	15	45	35
2	4	16	2	10	8	12	6	18	14
6	12	48	6	30	24	36	18	54	42
9	18	72	9	45	36	54	27	81	63
3	6	24	3	15	12	18	9	27	21
8	16	64	8	40	32	48	24	72	56
1	2	8	1	5	4	6	3	9	7
4	8	32	4	20	16	24	12	36	28
7	14	56	7	35	28	42	21	63	49

34 九九の　ひょう① 71~72ページ

1 ⑦3　　①4　　⑦4　　⊕16
　　⑦12　　⑦27　　⊕16　　⑦20
　　⑦20　　⊜35　　⑪18　　⑫36
　　⑥21　　⑭35　　⑰49　　⑲48
　　⑪64　　⑲18　　⑤45　　⑥81

2 ①5×7，7×5
　　②2×8，8×2，4×4

3 ⑦8　　①9　　⑦14　　⊕18
　　⑦18　　⑦24　　⊕28　　⑦36
　　⑦25　　⊜45　　⑪36　　⑫48
　　⑥28　　⑭42　　⑰63　　⑲24
　　⑪32　　⑲56　　⑤27　　⑥63

4 ①4×9，9×4，6×6
　　②2×9，9×2，3×6，6×3

⚠アドバイス　**2**，**4**は，かけ算の決まりを使って見つけるとよいです。**2**の②で，答えが16になる九九である，2×8を見つけたら，8×2も16になることをおさえます。**2**，**4**は式の順番が違っていても正解です。

35 九九の　ひょう② 73~74ページ

1 ①⑦12　　①16
　　②⑦20　　①30　　⑦24
　　③⑦7　　①21　　⑦24
　　④⑦48　　①54　　⑦63
　　⑤⑦24　　①32
　　⑥⑦4　　①9
　　⑦⑦42　　①56　　⑦56
　　⑧⑦21　　①28　　⑦32
　　⑨⑦12　　①12　　⑦20

2 ①5　　②3　　③7　　④8
　　⑤5　　⑥6　　⑦7　　⑧5

3 ①7　　②8　　③3　　④6

⚠アドバイス　**1**の答えは，九九を使って見つけます。⑤は，「21，28」と7増えているので，上の列が7の段とわかります。⑥は，6がななめに並んでいることから，上の6が2×3，下の6が3×2の答えとわかります。

2の①で，5×6の答えは，5×7の答えより，かけられる数5だけ小さくなることから導きましょう。⑦は，8×2−2を2×8−2とすれば，①〜⑥と同様の問題になります。

3は，九九の表を活用しながら，問題にある2つの段の答えをたして，確かめさせてください。

36 九九を　こえた　計算① 75~76ページ

1 ①⑦32　　②⑦56
　　　①36　　　①63
　　　⑦40　　　⑦70
　　　⊕44　　　⊕77
　　　⑦48　　　⑦84

2 ①⑦11　　②⑦12
　　　①18　　　①27
　　　⑦20　　　⑦30
　　　⊕22　　　⊕33
　　　　　　　　⑦36

3 ①50　②88　③72　④22
　　⑤90　⑥36　⑦44　⑧70
　　⑨30　⑩66　⑪24　⑫60
　　⑬96　⑭99

4 ①40　②77　③60　④33
　　⑤84　⑥20　⑦55　⑧108
　　⑨80　⑩48

にして計算することに注意させます。

- かけ算では，かける数が1増えると，答えはかけられる数だけ増える。
- かけ算では，かけられる数とかける数を入れかえて計算しても，答えは同じになる。

㊲ 九九を こえた 計算②

77~78ページ

1 ①39 ②24 ③52 ④55

2 ①48 ②65 ③72

3 ①44 ②84 ③26 ④45
⑤70 ⑥64 ⑦91 ⑧108
⑨104

4 ①36 ②66 ③60 ④30
⑤39 ⑥112 ⑦60 ⑧126

アドバイス 九九が使えるように，**1**，**3**はかける数を，**2**，**4**はかけられる数を2つに分けて計算させます。九九が使えれば，どのように2つに分けてもよいことに気づかせましょう。

3の①で，11を9と2に分けて計算すると，

$$4×9=36$$
$$4×2=8$$
$$36+8=44$$

と求められます。

他も同様に考えます。なお，計算のしかたは，他にもいろいろあるので，お子さまと考えてみるのもよいでしょう。

㊳ 九九の ひょうを 広げて

79~80ページ

1 ①100, 110, 120
②12, 120 ③12

2 ⑦100 ④110 ⑦120
⑤110 ④121 ⑩132
⑧120 ⑦132 ⑦144

3 ①130 ②140 ③143
④156 ⑤130

アドバイス **2**は，何×何の答えが入るのかをよく確かめて，数を書かせましょう。

また，**2**，**3**とも，次のことをもと

㊴ まとめテスト

81~82ページ

1 ①73 ②69
③24 ④52
⑤350 ⑥1000
⑦620 ⑧500
⑨1300 ⑩700

2 ①88 ②82 ③90 ④65
⑤33 ⑥34 ⑦67 ⑧18
⑨124 ⑩151 ⑪105 ⑫388
⑬65 ⑭98 ⑮83 ⑯823
⑰683 ⑱490 ⑲505 ⑳476

3 ①75 ②99 ③16 ④11

4
① 6 ＋94 ＝100
② 56 ＋87 ＝143
③ 181 －86 ＝95
④ 697 －38 ＝659

5 ①16 ②24 ③27
④21 ⑤32 ⑥48
⑦6 ⑧36 ⑨15
⑩42 ⑪14 ⑫56
⑬12 ⑭21 ⑮72
⑯35 ⑰48 ⑱42
⑲24 ⑳45 ㉑28
㉒32 ㉓28 ㉔4
㉕63 ㉖24 ㉗18
㉘66 ㉙36 ㉚80